Dieter Böhn

China

Auf Tour

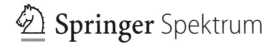

Dieter Böhn
Julius-Maximilians-Universität Würzburg
Institut für Geographie und Geologie
Am Hubland
97074 Würzburg

dieter.boehn@mail.uni-wuerzburg.de

ISBN 978-3-2950-6   ISBN 978-3-2951-3 (eBook)   DOI 10.1007/978-3-2951-3

Die Deutsche Nationalbibliothek verzeichnet diese Publikation in der Deutschen Nationalbibliografie; detaillierte bibliografische Daten sind im Internet über http://dnb.d-nb.de abrufbar.

Springer Spektrum
© Springer-Verlag Berlin Heidelberg 2012

Planung und Lektorat: Merlet Behncke-Braunbeck, Bianca Alton
Redaktion: Dr. Peter Wittmann
Grafiken: Graphik & Textstudio Dr. Wolfgang Zettlmeier
Satz: TypoStudio Tobias Schaedla, Heidelberg
Einbandabbildung: Dieter Böhn
Einbandentwurf: SpieszDesign, Neu-Ulm

Gedruckt auf säurefreiem und chlorfrei gebleichtem Papier

Springer Spektrum ist eine Marke von Springer DE. Springer DE ist Teil der Fachverlagsgruppe Springer Science+Business Media.
www.springer-spektrum.de

China

Weitere Bände in der Reihe „Auf Tour":

- Rainer Aschemeier / Bernd Cyffka, Malta und Gozo (ISBN 978-3-8274-2956-8)
- Peter Burggraaff / Jürgen Haffke / Klaus-Dieter Kleefeld / Bruno P. Kremer, Eifel (ISBN 978-3-8274-2957-5)
- Klaus-Dieter Hupke / Ulrike Ohl, Indien (ISBN 978-3-8274-2609-3)
- Armin Hüttermann, Irland (ISBN 978-3-8274-2789-2)
- Frauke Kraas, Thailand (ISBN 978-3-8274-2959-9)
- Elmar Kulke, Kuba (ISBN 978-3-8274-2596-6)
- Andreas Mieth / Hans-Rudolf Bork, Osterinsel (ISBN 978-3-8274-2623-9)
- Elisabeth Schmitt / Thomas Schmitt, Mallorca (ISBN 978-3-8274-2791-5)

Inhalt

Einleitung

China ist in wenigen Jahrzehnten vom armen Entwicklungsland zur globalen Wirtschaftsmacht aufgestiegen. Das hat vielfache Auswirkungen, die sich nicht auf China beschränken, sondern bis in unseren Alltag hineinreichen. Wir profitieren nicht nur von der Vielzahl der Waren, die preisgünstig zu uns gelangen, sondern auch vom rasch wachsenden Markt für unsere Exporte. Schon 2010 ist China nach den USA die größte Wirtschaftsmacht der Welt, sein Wachstum liegt seit Jahrzehnten über dem westlicher Industrieländer. Allerdings ist hier viel dem niedrigen Ausgangsniveau und der hohen Einwohnerzahl geschuldet, denn nach dem Pro-Kopf-Einkommen gehört China zu den Schwellenländern, die Wirtschaftsleistung pro Kopf ist im überholten Japan noch immer zehnmal so hoch. Dabei wird China nicht nur bewundert, es gibt zahlreiche kritische Bereiche, von Vorwürfen der Produktpiraterie bis zur Verletzung der Menschenrechte.

Dieser Band bietet einen Einblick in die Grundlagen und Auswirkungen des chinesischen Erfolgs. Ausgangspunkt sind die Kultur mit ihren mehrtausendjährigen Wertsystemen und der Raum, der die Überwindung großer natürlicher Hemmnisse verlangte. Die Bevölkerung wächst, ist aber durch eine Überalterung bedroht. Die soziale und wirtschaftliche Dynamik führt zur radikalen (Um)Gestaltung der Dörfer und Städte. Deutlich wird, dass im sozialen und politischen Bereich große Aufgaben auf die Regierung zukommen, will sie die politische Stabilität nicht nur über Wachstum sichern. Die Entwicklung ist widersprüchlich, zahlreiche gravierende Hindernisse wie die ständig größer werdende Kluft zwischen Arm und Reich und die grassierende Korruption sind zu überwinden – insgesamt jedoch ist die Entwicklung überaus positiv, denn vielen hundert Millionen Menschen geht es erheblich besser als früher. Die Darstellung hilft nicht nur denen, die in China vor Ort sind, sondern soll auch allen Lesern das Wichtigste zu ermöglichen: die Entwicklung und besonders die Menschen zu verstehen.

1 Kultur im Alltag

Wer China besucht, erlebt zwei gegensätzliche Empfindungen: Vieles scheint vertraut, und doch ist alles fremd. Vertraut scheinen die Menschen, ihr freundliches Verhalten, die Kleidung, der Verkehr in den Städten. Auf den ersten Blick fremd sind den meisten von uns vor allem die komplizierten chinesischen Schriftzeichen. Trotzdem kann man sich zurechtfinden, dank der zahlreichen englischen Angaben in Läden und Büros oder sogar auf offiziellen Hinweisschildern. Was zunächst nicht auffällt, sind die großen Unterschiede in der Kultur. Die Kennzeichen der chinesischen Hochkultur wie der Konfuzianismus oder das Yin-Yang-Prinzip sind im Kapitel 3 zur Geschichte beschrieben, die folgenden Abschnitte beschäftigen sich mit der chinesischen Alltagskultur. Die kulturellen Unterschiede spielen vor allem bei Geschäftsbeziehungen eine große Rolle. Denn wie sich gezeigt hat, sind es oft kulturelle Missverständnisse, die Kooperationen scheitern lassen und zu Verlusten führen. Aber auch auf privaten Reisen sieht und erkennt man mehr, wenn man über die kulturellen Besonderheiten Bescheid weiß.

Einige Kennzeichen der chinesischen Kultur

Sache und Person. In westlichen Ländern werden wirtschaftliche Beziehungen durch juristisch abgesicherte Verträge bestimmt. Im Gegensatz dazu sind in China persönliche Beziehungen, *guanxi* genannt, von großer Bedeutung. Daher ist es für langfristig geplante Geschäftsbeziehungen sehr wichtig, ein Vertrauensverhältnis aufzubauen; die Verträge selbst sind nicht entscheidend, sie lassen sich der jeweiligen Situation anpassen. Die Beziehungen zwischen Personen werden so gestaltet, dass man Vorteile gewährt und Vorteile erwartet. Gegenseitiges Vertrauen ist auch deswegen so bedeutsam, weil das Rechtssystem noch nicht stark ausgebaut ist.

Recht. Die Herrschaft des Rechts, unabhängig von der Person, ist eine der großen Errungenschaften der westlichen Kultur. In China ist der Rechtsstaat erst im Aufbau. Und während die Regierung die großen Fortschritte betont, beklagen die Kritiker, dass es viel zu langsam gehe. So ist es zum Beispiel bei einer Straftat sehr wichtig, ob gerade eine staatliche Kampagne läuft, etwa gegen Handtaschenraub oder Korruption. Dann fallen die Strafen gewöhnlich härter aus – es sei denn, die Person nimmt einen höheren Rang in der politischen Hierarchie ein. Während auch bei kleinen Straftaten sehr oft die Todesstrafe verhängt und bei einem normalen Bürger auch vollstreckt wird, können hochgestellte Parteiführer sehr oft Milde erwarten. Ein Beispiel ist Maos Ehefrau Jiang Qing, die als Kopf der sogenannten „Viererbande" für die Verbrechen während der Kulturrevolution zuerst zum Tode verurteilt und später begnadigt wurde.

Vielen Bürgern erscheint das Handeln der Behörden, also der Partei- und Staatsfunktionäre, als willkürlich und gegen das Recht. Bereits 2005 wurden rund 90 000 „ernsthafte Zwischenfälle" offiziell erfasst – sicher nur ein Teil der tatsächlichen. Solche Zwischenfälle sind oft spontane Wutaktionen aus lokalen Ursachen mit lokaler Reichweite. Sie richten sich etwa gegen angeblich dem Gemeinwohl dienende Enteignungen, von denen in Wahrheit die Funktionäre profitieren. Fliegt der Betrug auf, wird zum Beispiel das Haus eines Parteifunktionärs gestürmt oder ein Polizeiauto angezündet. Diese Zwischenfälle sind leicht durch Polizeikräfte niederzuschlagen.

Nun ist es nicht so, dass es in China keine Gesetze gäbe. Es gibt sehr gute, viele entsprechen internationalen Standards und sind teilweise in Zusammenarbeit mit ausländischen Juristen erarbeitet worden. Sie werden jedoch oft umgangen. Daher sind mutige Rechtsanwälte so etwas wie Helden, denn sie bringen die chinesische Gesellschaft unbeirrt und trotz beträchtlicher Widerstände auf dem Weg zum Rechtsstaat voran.

Hierarchie. Eine hierarchische Sicht ist tief in der chinesischen Gesellschaft verankert. So hat man nicht nur einfach eine Schwester, sondern entweder eine „ältere Schwester" (*jiejie*), der man ein wenig untergeordnet ist, oder eine „jüngere Schwester" (*meimei*), die einem zu gehorchen, für die man aber auch zu sorgen hat. Natürlich gibt es auch den „älteren Bruder" (*gege*) und den „jüngeren Bruder" (*didi*). Die Hierarchie innerhalb der Familie ist noch immer relativ stark, vor allem auf dem Land. Hier wählen Eltern und der ältere Bruder den Bräutigam noch mit aus – wenngleich eine Verheiratung ohne Zustimmung beider Eheleute heute auch auf dem Land nicht mehr möglich ist.

Die Abstufungen im Rang gelten beinahe überall. Selbst in der Kulturrevolution, als alle gleich sein sollten, gab es innerhalb der Kommunistischen

Partei Chinas über 20 Hierarchieebenen. In China überreicht man bei der Vorstellung seine Visitenkarte, auf der die Position in der Gesamthierarchie angegeben ist. Da ist es dann natürlich wichtig, ob man der „2. Stellvertretende Vorsitzende der Kulturabteilung des Gemeinderates Shanbei" ist oder nur der 3. Stellvertretende. Auch in den Unternehmen spielt die Hierarchie eine große Rolle. Denn natürlich entscheidet der höchste Vorgesetzte, auch wenn er in den Verhandlungen kaum ein Wort spricht und die meiste Zeit nur stumm dasitzt. Für flache Hierarchien, die manche westliche Unternehmen stolz pflegen, hat man in China kein Verständnis. Deswegen ist es zum Beispiel unklug, wenn der deutsche Verhandlungsführer auf seiner Visitenkarte nur ein „Senior Analyst" oder „Assistent der Geschäftsführung" stehen hat – der chinesische Partner fühlt sich dann nicht ernst genommen. Für Wirtschaftskontakte empfehlenswert sind kreativere Benennungen, etwa „Stellvertretender Leiter der Abteilung Außenwirtschaft mit Schwerpunkt China" und als Zusatz eventuell noch „2. Stellvertreter der Leitung der Konsultationsgruppe Projektplanung Innovationstechnologie".

Harmonie. Besonders Deutsche sind sehr stolz auf ihre Offenheit, das nennen sie dann „Deutsch miteinander reden". Damit zerstört man in China beinahe alles. Natürlich gibt es auch in China Unterschiede und gegensätzliche Ansichten. Aber im Gespräch betont man zunächst die Gemeinsamkeiten: „Wir sind uns einig, dass wir miteinander Geschäfte machen wollen; wir sind sehr erfreut, dass wir bei den Verhandlungen schon so große Fortschritte gemacht haben; die verbliebenen wenigen Fragen, etwa wann und wie wir bezahlen, können wir sicher im Geiste der Harmonie lösen." Die Betonung der Harmonie führt auch dazu, dass man fast nie ein Nein zu hören bekommt. Chinesen sind aus ihrer Harmoniekultur heraus imstande, rasch zu erkennen, ob die Formulierung „das könnte schwierig werden" ein klare Absage bedeutet oder eine Aufforderung ist, eine andere Strategie anzuwenden. Die Bedeutung der Harmonie zeigt sich auch darin, dass man offene Auseinandersetzungen vermeidet und stattdessen darum bemüht ist, dem anderen die Möglichkeit zu geben, sein Gesicht zu wahren.

Individuum und Gemeinschaft. Traditionell gilt in China die Familie als wichtigster Bezugspunkt, an zweiter Stelle kommt der Clan, der unter anderem durch einen eigenen Tempel gekennzeichnet ist, und an dritter Stelle folgt die Dorfgemeinschaft. In der Volksrepublik ist noch die Betriebsgemeinschaft (*danwei*) als vierte Bezugsgröße hinzugekommen, die alles regelte und für alles sorgte. Der Betrieb als „Lebensgemeinschaft" spielt als Folge der Marktwirtschaft heute eine geringere Rolle, die Familie wird wieder wichtig. Es gibt immer ein Innen und ein Außen, dem Innen ist man verpflichtet, dem Außen nicht. Das größte „Innen" ist die Nation, auf Chinesisch *guo jia*, „Staat-Familie". Die Einordnung in die Gemeinschaft folgt nicht nur der Tradition, und sie wurde nicht nur in der Kulturrevolution propagiert – „Ich will nur ein kleines Rädchen sein im Getriebe meines Volkes". Auch die gegenwärtige Regierung fordert, die Nation allem anderen voranzustellen und nicht etwa demokratische Freiheiten zu fordern. Doch in Chinas Geschichte gab es immer starke Persönlichkeiten, von Kaisern über Dichter bis zu Erfindern, die ihre eigenen Ideen verwirklichten. Der Individualismus wird in der Presse als „materialistischer Egoismus" beschimpft, sicher teilweise zu Recht. Im modernen China zeigen sich jedoch umfassende Traditionsbrüche, sei es in Form der Kleinfamilie, der eigenständigen Berufswahl oder der abnehmenden Bedeutung der Betriebszugehörigkeit. In der Volksrepublik wächst eine Jugend heran, in der sich der Einzelne wie in anderen Teilen der Welt eigenständig entwickeln möchte und auch wird.

Schuld und Scham. Die westliche Kultur ist eine „Schuldkultur". Solange man kein Gesetz übertritt, werden Verhaltensweisen vielleicht nicht begrüßt, aber toleriert. Anders in China, wo man sein Gesicht verlieren kann, etwa durch Herumbrüllen – auch wenn dabei gegen kein Gesetz verstoßen wird. Die chinesische Schamkultur erleichtert es, Fehler zu korrigieren. Man entschuldigt sich, bekundet Bedauern, und das Gegenüber muss die Entschuldigung akzeptieren. Andererseits ist es schwierig, eine persönliche oder wirtschaftliche Beziehung erfolgreich zu gestalten, wenn man einmal sein Gesicht verloren hat.

Geschichte und ihre Bewertung. Chinesen sind sehr stolz, dass ihre Kultur die älteste unuterbrochene Hochkultur der Welt ist. Das „Reich der Mitte" sah sich schon immer allen anderen Staaten überlegen, zumindest kulturell, aber auch zivilisatorisch. Politische Kampagnen werden teilweise damit eingeleitet, dass man ein historisch weit zurückliegendes Ereignis aufgreift, zum Beispiel die Kritik an einem Kaiser für ein bestimmtes Verhalten. Chinesen erkennen die darin enthaltene Anspielung auf einen aktuellen Vorgang, der natürlich mit keinem Wort erwähnt wird. Die chinesische Kultur in ihrer historischen Dimension zu bewundern, ist leicht: Man sieht die alten Bauten, kann in Museen jahrhundertealte Verfahren der Seidenweberei, Porzellanbrennerei oder Teegewinnung bestaunen oder sich davon beeindrucken lassen, dass den Chinesen schon weit vor den Europäern Kompass und Erdbebenortung vertraut waren – im Unterschied zu den Europäern, die fast nie darauf stolz sind, die Demokratie entwickelt, ein unabhängiges Rechtssystem eingeführt und etwa seit der Aufklärung die Menschen ermuntert zu haben, ihren Verstand zu benutzen.

Das Tor des himmlischen Friedens, hinter dem der Kaiserpalast anschließt, vereint die Tradition mit der kommunistischen Ideologie: Von hier aus wurde die Gründung der Volksrepublik China ausgerufen.

Schrift. Die Schriftzeichen sind das Kennzeichen der chinesischen Kultur, das nicht nur Ausländern große Schwierigkeiten macht. Offiziell gilt man nicht mehr als Analphabet, wenn man 1 500 bis 2 000 Schriftzeichen beherrscht. Allerdings muss man etwa 3 000 Zeichen kennen, um auch nur eine Zeitung lesen zu können. Gebildete Chinesen behaupten, rund 5 000 Zeichen zu verstehen – von insgesamt mehr als 80 000. Der Vorteil der Schriftzeichen ist, dass sie von allen Chinesen verstanden werden, auch wenn die Aussprache in den einzelnen Dialekten bzw. Sprachen ganz unterschiedlich ist. Man kann das mit den Zeichen für Ziffern vergleichen, die unabhängig von der Sprache überall auf der Welt verstanden werden. Qin Shi Huangdi, Chinas erster Kaiser, vereinheitlichte um 200 v. Chr. die Schriftzeichen, in der Volksrepublik wurden einzelne Zeichen in den 1950er Jahren vereinfacht. In dieser Zeit hat man auch ein System der Umschrift durch lateinische Buchstaben entwickelt, das Pinyin. Weil die Schriftzeichen oft sehr schwierig zu erlernen sind, ist die Umschrift auch für die Chinesen sehr hilfreich.

Anders als unsere Buchstaben bezeichnen die chinesischen Schriftzeichen keinen Laut, sondern jedes einzelne Zeichen hat eine Bedeutung. Man

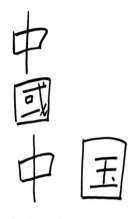

Das Wort „China", geschrieben in alten und neuen Schriftzeichen.

muss deshalb jedes Zeichen zweimal lernen: wie es geschrieben wird und wie man es ausspricht. Ein Wort, das *Li* ausgesprochen wird, hat bei 30 völlig unterschiedlichen Schriftzeichen über 40 verschiedene Bedeutungen, vom Längenmaß „500 Meter" über „stehen" und „nutzen" bis „Pflaume".

Kultur und Raum. Ein leicht erkennbares Kennzeichen der chinesischen Kultur ist die Ausrichtung der Siedlungen nach Himmelsrichtungen und die Beachtung eines Zusammenhangs zwischen Wind und Wasser (*feng shui*). Dabei wird von einem Zusammenhang zwischen der Landschaft und Seelenzuständen ausgegangen. In Übereinstimmung mit der taoistischen Lehre sind Häuser prinzipiell nach Süden als der Glück verheißenden Seite ausgerichtet; Friedhöfe legt man an Hängen an, die einen Blick in ein Wasser führendes Tal ermöglichen. Nicht nur in Hongkong werden auch einzelne Gebäude unter Berücksichtigung geomantischer Kraftfelder errichtet.

Kräfte, die den Alltag bestimmen

Die Partei. Die Herrschaft der Kommunistischen Partei Chinas geht für den Kenner zwar schon aus der Nationalflagge hervor, denn der große Stern symbolisiert die Partei, sonst aber bemerkt ein Tourist wenig von ihrem Einfluss. Doch geschieht in Firmen wie Behörden nichts ohne „die Partei". Sie hat zu allen Einrichtungen und Hierarchieebenen eine Parallelstruktur aufgebaut und herrscht indirekt, aber höchst wirkungsvoll. Trotz einer offiziellen Trennung von Partei- und Staatsverwaltung sind die Verwaltungen in ihren Entscheidungen grundsätzlich den Parteibeschlüssen untergeordnet. Von den 80 Mio. Mitgliedern sind nur noch wenige Arbeiter und Bauern, auf die Hammer und Sichel in der Parteiflagge hinweisen. Die Mehrzahl der Parteigenossen sind Verwaltungsfachleute, die versuchen, ihren Bereich vor allem ökonomisch voranzubringen. Sie arbeiten oft effizient, sind aber teilweise auch korrupt. Die Kommunistische Partei wird von oben nach unten regiert, doch verfolgt die kleine Führungsschicht, die unter anderem aus Mitgliedern des Politbüros besteht, keineswegs immer dieselben Ziele. Stattdessen versuchen verschiedene Richtungen Einfluss zu gewinnen, ringen Vertreter zweier unterschiedlicher Konzepte um die Gestaltung der aktuellen Politik: Einer wenig ideologiegebundenen, an wirtschaftlichem Wachstum orientierten Gruppe steht eine stärker ideologisch ausgerichtete Gruppe gegenüber, welche die zunehmenden sozialen Unterschiede abbauen will. Eine Entscheidungsfindung ist im konkreten Einzelfall noch komplizierter: Westliche Wissenschaftler sprechen von einem „fragmentierten Autoritarismus". Fragmentiert, weil sehr viele Gruppierungen – Funktionäre aller Hierarchieebenen, Unternehmer, Wissenschaftler, Arbeiter, Intellektuelle, Bauern usw. – Einfluss zu nehmen versuchen und Entscheidungen im Sinne des Prinzips der Harmonie erst nach oft langwierigen Prozessen des Interessenausgleichs getroffen werden; autoritär, weil es trotzdem nur die Partei ist, die ohne freie Wahlen über alles herrscht. Das größte Problem schafft die Partei sich selbst. Weil sie alles kontrolliert, selbst aber von niemandem kontrolliert wird, blüht die Korruption. Dagegen wenden sich Bürger, und diese Unruhen werden von der Partei radikal unterdrückt. Es fehlen Regeln der Konfliktbewältigung, es fehlt der Wille zu Kompromissen und zum Verzicht auf rasche materielle Vorteile. Die von der Führung geforderte Harmonie wird in diesen Fällen nicht angestrebt. Die Parteiführung hat das Problem erkannt und setzt unter anderem auf harte Maßnahmen zur Korruptionsbekämpfung.

Die Religion. China wird durch die Kommunistische Partei beherrscht, und die ist atheistisch, Parteimitglieder dürfen offiziell keiner Religion angehören. Die Verfassung bezeichnet die Volksrepublik China als laizistischen

Pfeiler der Macht

Der Politikwissenschaftler Sebastian Heilmann nennt folgende Machtgrundlagen der Kommunistischen Partei Chinas:

- die beträchtliche Verbesserung des Lebensstandards für große Teile der Bevölkerung;
- den starken Zusammenhalt in der zentralen Parteiführung;
- die Einbindung eines großen Teils der neuen wirtschaftlichen Eliten und neuen sozialen Ober- und Mittelschichten in das Herrschaftssystem;
- die in Partei und Bevölkerung verbreitete Furcht vor Unruhen, vor einem Zusammenbruch der Ordnung;
- eine patriotisch-nationalistische Grundstimmung sowohl in der Partei wie in der Bevölkerung: Die Partei präsentiert sich als Hüterin der nationalen Würde gegenüber ausländischen Herausforderungen.

Quelle: Heilmann 2005

Staat, das heißt Staat und Religion sind getrennt. Die Existenz der Religion wird damit indirekt anerkannt. Und als Besucher Chinas stellt man tatsächlich fest, dass in den zahlreichen Tempeln auch viele junge Menschen beten, obwohl sie doch durch die atheistische Erziehung geprägt sein müssten. Nach den Exzessen der Kulturrevolution, bei der auch viele Gebetsstätten zerstört und Mönche wie Nonnen vertrieben wurden, ist seit der Wirtschaftsreform eine Religionsausübung dann gestattet, wenn sie sich den Vorgaben der Partei unterwirft. Nach außen hin erfolgt kaum eine Beeinträchtigung. Ist man „auf Tour", so kann man im eigentlichen China wie auch in Tibet Mönche und teilweise Nonnen sehen; Tempel sind wie Moscheen und Kirchen nicht nur kulturelle Besichtigungsstätten, sondern auch Gebetsräume.

Nach offiziellen Angaben gehörten um das Jahr 2000 etwa 100 Mio. Chinesen einer Religionsgemeinschaft an, nach inoffiziellen Schätzungen waren es mehr als doppelt so viele, darunter mindestens 100 Mio. Buddhisten, 25 Mio. Moslems, etwa 40 bis 70 Mio. Christen sowie kleinere religiöse Gruppierungen. Genaue Zahlen sind nicht erhältlich, auch deshalb, weil sich die rasch wachsenden christlichen Kirchen nur teilweise den staatlichen Vorgaben unterwerfen. Es gibt neben der staatstreuen Kirche auch viele „Hauskirchen". Sie lehnen es aus religiösen Gründen ab, sich registrieren zu lassen, und werden oft von der Polizei verfolgt. Auch wenn die Zahl von 200 Mio. Anhängern einer Religion inzwischen sicher gestiegen ist, so gehört doch die große Mehrheit der Chinesen keiner Religion an. Besonders für Intellektuelle ist Religion stark mit Aberglauben verknüpft, möglicherweise als Folge der Beeinflussung durch konfuzianistische Ideen. Denn schon im kaiserlichen China hing die Elite dem Konfuzianismus an, einer ethischen Lehre, die sich nicht mit einem Jenseits beschäftigte. Ethisch richtiges Verhalten entspringt der rationalen Einsicht, dass dieses letztlich nützlich ist, und nicht aus einer Angst vor der Strafe Gottes, etwa der Verbannung in die Hölle. Dennoch war China auch ein religiöses Land. Das einfache Volk war und ist buddhistisch mit stark taoistischen Einflüssen. Überhaupt hält man von dogmatisch bestimmten Ausgrenzungen wenig. „Ein Chinese ist Konfuzianer wenn es ihm gut geht, er ist Taoist, wenn es ihm schlecht geht, und er ist Buddhist im Angesicht des Todes", lautet ein Sprichwort. Auch werden die verschiedenen Religionen zu unterschiedlichen Anlässen in Anspruch genommen. Zu einer Heirat wird bevorzugt ein Taoistenpriester hinzugezogen, während zu Beerdigungen eher buddhistische Mönche gerufen werden. Religion wird recht pragmatisch gesehen. Sie dient dazu, dass es einem im Leben gut geht. Verstorbene werden mit großem Aufwand bestattet, aber auch hier geht es um materiellen Wohlstand im Jenseits: Man verbrennt „Totengeld" und Häuser und Autos aus Papier, damit sie dem Toten zur Verfügung stehen.

Betende vor dem Tempel.

Christliche Kirche in Kanton.

Der Aberglaube ist in China quer durch die Gesellschaft verbreitet. Man achtet darauf, dass man beim Eintreten nicht über die Schwelle stolpert, welche die bösen Geister abhalten soll. Wer doch ins Straucheln kommt, geht einfach wieder zurück und schreitet noch einmal über die Türschwelle – die bösen Geister können sich nichts merken. Betritt man einen Hof, stößt man auf eine Geistermauer: Böse Geister können nur geradeaus laufen, deswegen waren früher auch die Brücken gezackt. Bei persönlichen Beziehungen, bei Heiraten, ist das Tierkreiszeichen der Partner oder Eheleute wichtig. In zahlreichen Schriften ist beispielsweise festgehalten, dass ein im Jahr des Tigers (1974, 1986, 1998, 2010) Geborener am besten zu Menschen passt, die in den Jahren des Pferdes (z. B. 1978, 1990, 2002, 2014), des Drachen (1976, 1988, 2000, 2012) oder des Hundes (z. B. 1970, 1982, 1994, 2006) geboren wurden. Das geht bis zu Symbol-Analogien: Wer lange Nudeln isst, lebt länger. Bei Zahlen führt der Aberglaube dazu, dass man viel Geld ausgibt, um etwa beim Autokennzeichen oder der Telefonnummer „gute" Zahlen zu bekommen und „schlechte" zu meiden. So gilt die Vier als Unglückszahl, weil vier (*si*) ähnlich wie das Wort für Tod ausgesprochen wird. Dagegen ist die Zahl Acht (*ba*) beliebt, weil sie ähnlich wie das Zeichen für bevorstehenden Reichtum ausgesprochen wird.

Kulturelle Globalisierung. Die chinesische Führung beabsichtigt, das Land vor allem zur Weiterentwicklung der Wirtschaft zu öffnen. An eine kulturelle Öffnung, etwa hin zu westlichen Werten, wird vonseiten der Parteiführung nicht gedacht. Dennoch erhält die traditionelle Kultur durch zahlreiche Einflüsse aus dem Ausland Impulse, wird angeregt, geprägt, teilweise überformt. Am stärksten hat sich wohl die Architektur verändert. In den Städten baut man im internationalen Stil, seit den 1990er-Jahren prägen Glasfronten den Aufriss. Große Bürogebäude wie die „World Trade Center" in verschiedenen Städten könnten in allen Metropolen der Welt stehen. Man hat auch national bedeutende Gebäude durch ausländische Architekten planen lassen, wie etwa in Peking die Nationaloper durch den Franzosen Andreu, das Olympiastadion durch die Schweizer Architekten Herzog und DeMeuron und die Zentrale des chinesischen Staatsfernsehens (CCTV-Turm) durch den niederländischen Architekten Koolhaas. Villen und Mehrfamilienhäuser verwenden einen verblüffenden Stilmix aus historisierenden Elementen wie dorische Säulen, klassizistische Nymphen und alpenländische Balkone.

Malerei und Musik, aber auch Literatur und Plastik haben sich unter ausländischen Anregungen ebenfalls stark verändert. Chinesische Künstler errangen internationale Anerkennung mit Gemälden und Skulpturen, die Ideen nicht mehr auf konventionelle Weise, sondern durch westliche Stilmittel ausdrücken. Im Alltag fallen zum Beispiel zwei Entwicklungen auf, die ausländischen Einfluss erkennbar machen. Eine beliebte Frei-

Braut im weißen Hochzeitskleid.

zeitbeschäftigung ist das aus Japan stammende Karaoke: Man singt zu Instrumentalversionen, meist von Schlagern, deren Inhalt oft durch ein romantisches Video verdeutlicht wird. Westlichen Einfluss kann man besonders beim Hochzeitskleid erkennen. Das traditionelle Brautkleid ist rot, denn Rot ist die Farbe der Freude. Weiß ist die Farbe der Trauer und wird etwa bei Beerdigungen getragen. Weil man aber im Westen das weiße Hochzeitskleid hat, wird auch ein Brautbild in Weiß gefertigt. Das Fotostudio stellt das weiße Kleid, überraschenderweise hängt dieses Bild dann zu Hause.

Soziale Strukturen

Frauen. Im traditionellen China, das sich auf die Ethik des Konfuzius stützte, war die Frau unterdrückt. Sie hatte dreimal zu dienen: erst ihrem Vater, dann ihrem Mann und schließlich noch ihrem ältesten Sohn. Mädchen wurden oft schon als Kind verheiratet, denn die Ehe beruhte auf einem Kontrakt zwischen Familien und nicht auf Entscheidungen der beiden betroffenen Menschen. In der Volksrepublik China hat man von Anfang an die Stellung der Frau in der Gesellschaft verbessert. Mao verkündete: „Frauen tragen die Hälfte des Himmels." Eines der ersten Gesetze, die der eben gegründete Staat erließ, war 1950 das Ehegesetz. Mann und Frau haben danach das Recht, den Partner selbst zu wählen. Die Frau behält ihren Mädchennamen, man kann am Namen nicht erkennen, ob ein Paar verheiratet ist. Beide verfügen gemeinsam über das Familieneinkommen (in Deutschland bestimmte darüber 1950 noch allein der Ehemann), eine Scheidung kann von beiden Partnern beantragt werden. Während der Kulturrevolution wurden auch die Unterschiede der Geschlechter egalisiert, der „Mao-Anzug" von Mann und Frau getragen, die kurzen Haare der Frauen wirken männlich. Das Politische hatte absolute Dominanz.

Der gesellschaftliche Umbruch, der mit der Wirtschaftsreform seit 1980 einherging, veränderte abermals das Bild der Frau. Als Gegenreaktion zur

Eine Frau bei der Kontrolle von Teeblättern.

Leugnung aller Empfindungen, die nicht primär politisch waren, wurde das Weibliche wieder betont. Damit kehrt man zur traditionellen Yin-Yang-Vorstellung zurück: Das Ganze besteht notwendigerweise aus Gegensätzen.

Die Stellung der Frau in der Gesellschaft ist in Stadt und Land unterschiedlich. Auf dem Land sind noch viele Traditionen in Kraft, so werden noch immer Frauen von der Familie drangsaliert, wenn sie „nur" eine Tochter geboren haben. Weil viele Männer die Dörfer verlassen und als Wanderarbeiter in die Städte gehen, müssen die Frauen oft auch noch die Feldarbeit übernehmen; in manchen ländlichen Siedlungen sind sie fast ganz auf sich gestellt. Immerhin hat sich die Situation auf dem Land für die Frauen in einem Punkt verbessert: Seit 2003 können sie auch Land besitzen.

In den Städten sind die Frauen sozial wesentlich besser gestellt. Zum einen verfügen sie hier oft über ein eigenes Einkommen, denn die Löhne sind so bemessen, dass beide Ehepartner arbeiten müssen. Zum anderen wird ihre Ausbildung immer besser, und damit steigt das Selbstbewusstsein der Frauen. Die vorehelichen Beziehungen nehmen zu, ohne dass es zu einer Diskriminierung der Frauen kommt. Frauen kleiden sich bewusst modisch, von der Frisur über die Kleidung bis zu den Schuhen pflegen sie einen individuellen Stil, der fasziniert. Die Frau ist wieder Blickfang, das zeigen auch die zahlreichen Fotokalender, die man in vielen Wohnungen sehen kann. Man spricht von einer „Wiederentdeckung des Weiblichen". Aber wie in anderen Teilen der Welt hat sich die Akzeptanz der Gleichberechtigung durch die Männer noch nicht in der Bezahlung ausgewirkt, die meisten Frauen arbeiten in Niedriglohnbereichen oder bekommen für die gleiche Arbeit weniger Geld. Auch bei der Besetzung hoher Posten ist der Frauenanteil noch gering. Das gilt für die Wirtschaft wie für die Politik – auch in der Kommunistischen Partei.

Fasst man die Gleichberechtigung als Prozess auf, so hat sich die Situation der Frau stetig verbessert. Die Männer müssen heutzutage auch materielle Anreize bieten, um eine Frau zu bekommen. Denn die Bevorzugung der

Söhne hat dazu geführt, dass Mädchen oft abgetrieben oder nach der Geburt getötet werden, sodass vielfach ein Männerüberschuss herrscht. Frauen nutzen den Weg über eine bessere Bildung, um gezielter ihre Interessen durchzusetzen. Auch als Unternehmerinnen sind sehr viele Frauen erfolgreich.

Jugendliche. Chinesische Mädchen und Jungen durchlaufen einen sehr wechselvollen Lebensweg. Als Kleinkind und sehr oft auch noch als Jugendlicher werden sie von den Eltern verwöhnt, fast verzogen – man spricht von den „kleinen Kaisern". Das liegt daran, dass zumindest in den Städten die meisten von ihnen als Einzelkind aufwachsen. Auf ihnen ruhen die Erwartungen der Eltern und Großeltern. Ein Aufstieg soll vor allem durch Bildung erfolgen, deshalb beginnt der Leistungsdruck schon im Kindergarten. Ehrgeizige Eltern suchen eine anspruchsvolle Einrichtung, denn damit besteht die Chance, dass das Kind in eine gute Grundschule aufgenommen wird, was wiederum die Möglichkeiten vergrößert, die Aufnahme in eine leistungsstarke Sekundarschule („Untere Mittelschule") zu schaffen. Dies bringt wiederum eine erhöhte Wahrscheinlichkeit, die Prüfung für eine der herausragenden Oberstufenschulen („Obere Mittelschule") zu bestehen – diese Schulart erreicht nur noch ein Drittel eines Jahrgangs. Das ist dann eine gute Voraussetzung, die landesweite Aufnahmeprüfung für die Universität nicht nur zu bestehen, sondern sich auch noch einen Platz in einer der herausragenden Universitäten zu sichern. Wenn die schulische Leistung abzusinken droht, wird privat zu bezahlende Nachhilfe eingesetzt. Weil viele Eltern zudem meinen, ihr Kind brauche zusätzlich eine Ausbildung an einem Instrument oder solle altchinesische Kampfkünste beherrschen, ist auch der außerschulische Leistungsdruck sehr hoch. Natürlich sind nicht alle Eltern und Kinder so ehrgeizig, schließlich gibt es genügend weitere Berufsmöglichkeiten, und in der Marktwirtschaft ist auch ein Aufstieg außerhalb der Bildungsberufe möglich. Aber in chinesischen Schulen und Universitäten herrscht zumindest in der Stadt ein sehr hoher Leistungsdruck. Er wird in einer Gesellschaft akzeptiert, in der Bildung einen sehr hohen Stellenwert hat.

Auch wenn es Chinas Jugend noch kaum realisiert: Sie ist es, die die Auswirkungen einer alternden Bevölkerung zu tragen hat. Nach der Formel „1-2-4" wird in Zukunft das eine Kind seine beiden Eltern und die vier Großeltern zu versorgen haben, vom eigenen Kind und sich selbst abgesehen. Das erklärt auch, warum die Eltern sich so sehr für einen sozialen und damit materiellen Aufstieg ihrer Kinder einsetzen. Sie tun dies nicht nur mit Blick darauf, dass diese es einmal besser haben sollen als die Eltern, sondern auch in Voraussicht der Tatsache, dass später nur ein finanziell erfolgreiches Kind die hohen Kosten für die Altersversicherung aufbringen kann.

Die Schule soll das Einzelkind in die Gemeinschaft einfügen. Dazu dient auch eine einheitliche Schulkleidung.

Das Problem der Ein-Kind-Familie – der kleine Kaiser.

Alte Menschen. Ältere Menschen sieht man in Chinas Städten häufig: In Parks üben sie *Tai-Chi* oder eine alte Schwertkunst, auf dem Gehsteig haben sie ihre Vogelkäfige in die Bäume gehängt, vor allem aber sieht man sie Kinder hüten. Alte Menschen sind besonders auf dem Land noch fest in die Drei-Generationen-Gesellschaft eingebunden und übernehmen viele Aufgaben. In den Städten ist dies nicht mehr im gleichen Ausmaß möglich. Dort wohnt man meist sehr beengt, und viele Ehepaare leben nicht in der gleichen Provinz wie die Eltern. Traditionell werden alte Menschen sehr geachtet. Die Jüngeren wissen, dass sie den materiellen Wohlstand dem unermüdlichen Fleiß der Älteren verdanken. Alte Menschen sind auch systemstabilisierend. Wenn sie von der bitteren Armut der früheren Jahre berichten, erkennen die nachwachsenden Generationen den Aufstieg, der bisher schon geleistet wurde. Getrübt wird das Bild der zu ehrenden älteren Generation durch Berichte über Chinas drohende Überalterung auf seinem Weg zum Wohlstand. Bevölkerungsprognosen gehen davon aus, dass es im Jahr 2015 rund 200 Mio. Menschen über 60 Jahre geben wird; und eine Alterssicherung ist erst im Aufbau. Aber die Voraussetzungen sind gut – sofern das Wirtschaftswachstum anhält. Dann können, wie in den Industriestaaten,

Alte Menschen in der Freizeit pflegen alte Kulturtechniken. Das Mahjong-Spiel soll von Konfuzius erfunden worden sein. Lange Zeit war es von der Regierung als Glücksspiel verboten, doch heute ist es wieder das beliebteste Brettspiel.

über die Sicherung des Lebensstandards hinaus Mittel angespart werden, die zur Versorgung der Rentner und Pensionäre ausreichen.

Arbeiter. Ihre Stellung im sozialen Gefüge war immer wieder größeren Änderungen unterworfen. Seit der Gründung der Volksrepublik bis zur Einführung der Marktwirtschaft, etwa von 1955 bis 1985, galten Arbeiter als eine der beiden entscheidenden Klassen, wobei die „Arbeiterklasse" noch vor den Bauern als zukunftsorientierter bewertet wurde. Mit der Wirtschaftsreform seit 1980 sank nicht nur der soziale Status, sondern auch die materielle Absicherung der Arbeiter. Beschäftigte in Staatsbetrieben wurden entlassen, soziale Leistungen drastisch eingeschränkt. Und wegen des starken Bevölkerungswachstums drängen jedes Jahr neue Millionen auf den Arbeitsmarkt. Zum Glück werden durch das Wirtschaftswachstum auch jährlich Millionen neuer Arbeitsplätze geschaffen. Dennoch ist Unterbeschäftigung ein großes Problem, besonders auf dem Land zwischen den Arbeitsspitzen bei Saat und Ernte. Hier ist aber der Zusammenhalt in Familie, Clan und Dorfverband noch stark genug, um ein Abrutschen einzelner in die Armut zu vermeiden – zumal gerade auf dem Land ein radikaler Wandel der Berufsstruktur stattfindet. Zum einen erfolgt auf der Orts- bzw. auf Kreisebene ein Wechsel aus der Landwirtschaft in die Industrie, zum anderen wandern hunderte Millionen Menschen aus dem ländlichen Raum in die Ballungsgebiete ab, vor allem in die an der Küste. Mangels Berufsausbildung beginnen die meisten als ungelernte Arbeiter, die Männer vor allem im Baugewerbe, die Frauen in der Textilindustrie oder bei einfachen Fertigungsprozessen. Sehr vielen gelingt ein Aufstieg in anspruchsvollere und besser bezahlte Tätigkeiten.

Die Situation der Arbeiter ist äußerst unterschiedlich. Sehr viele werden in den Unternehmen auf eine Weise ausgebeutet, die auch marktliberalen chinesischen Gesetzen widerspricht. Andererseits gelang es den Arbeitern, ihre Löhne immer wieder zu steigern. Allein zwischen 2000 und 2009 stiegen die Löhne chinesischer Arbeiter im Schnitt um zwölf Prozent und damit wesentlich rascher als in den westlichen Industriestaaten. Die Arbeiter nehmen also am Wirtschaftsaufschwung teil. Das zeigt sich nicht zuletzt in der Zahl hochwertiger Konsumgüter, die heute in Chinas Haushalten zu finden sind (vgl. Tabelle Seite 133).

Insgesamt hat sich die Lage der Arbeiter in den letzten Jahren aus mehreren Gründen stark verbessert. Zum einen sind durch die Bevölkerungsentwicklung Arbeitskräfte nicht mehr wie früher im Übermaß vorhanden und der Arbeitgeber kann die Löhne nicht mehr so einfach drücken. Zum andern sind die Arbeiter recht selbstbewusst und erreichen Lohnerhöhungen; außerdem greifen zunehmend die von der Regierung erlassenen Arbeitsschutzgesetze. So wurde 2008 ein „Arbeitsvertragsgesetz" beschlossen, das „harmonische Arbeitsbeziehungen" unter anderem dadurch herstellen will, dass alle Arbeitsverträge nun schriftlich vorliegen müssen; eine große Verbesserung für die Arbeitnehmer – wenn das Gesetz eingehalten wird.

Die soziale Kultur: Arm und Reich in China

China gilt als das Land mit einem der weltweit größten Unterschiede zwischen der Schicht der Reichen und der Schicht der Armen. Die meisten der – auch offiziell gezählten – weit über 150 Mio. Armen sieht man als Tourist kaum, sie leben vor allem in entlegenen Regionen. Die fehlende Anbindung an kaufkräftige Märkte ist auch der Hauptgrund ihrer Armut. Wer fernab der Ballungsräume in der Landwirtschaft arbeitet, kann von den Erträgen für Getreide kaum leben. Und diejenigen, die in einer der zahlreichen Kohlegruben auf dem Land Beschäftigung gefunden haben, müssen für kargen Lohn schwer schuften und dazu ständig um Leib und Leben fürchten, weil für die Sicherheit der Minen zu wenig investiert wird.

Schon eher sieht man die, die der Armut durch Zuzug in die Städte entkommen wollen: die Wanderarbeiter. Manchmal berichtet die Presse über protestierende Arbeiter, die um ihren Lohn betrogen wurden oder aus oft nichtigem Anlass hohe „Strafabzüge" vom Lohn erdulden müssen. Wenn man die Wohncontainer sieht oder die Wohnheime, in denen sich oft sechs bis zehn Menschen in einem Raum drängen, dann ahnt man etwas von der Armut, die sie aus ihrer Heimat treibt.

Aber auch die Reichen bekommt man kaum zu Gesicht, denn sie meiden häufig die Öffentlichkeit. Ein mögliches Erkennungszeichen sind teure Limousinen, gern der deutschen Marken Mercedes, BMW oder Audi. Reiche wohnen vielfach in abgegrenzten Vierteln, *gated communities*, wo sie unter sich bleiben. Es gibt Ausnahmen, einige protzen mit Prachtbauten – verkleinerten Nachbildungen von Versailles oder dem Weißen Haus. Trotzdem gibt es quantitative Aussagen über den Reichtum: „Laut der Hunrun-Liste, einer Art chinesischer Forbes-Liste, gibt es in China 1 363 Menschen, deren Reichtum eine Milliarde Renminbi [Yuan] übersteigt – umgerechnet etwa 110 Millionen Euro [aber mit der Kaufkraft von mindestens 300 Millionen Euro], 875 000 besitzen mehr als 10 Millionen Renminbi, also etwa 1,1 Millionen Euro. Und es werden immer mehr" (Angela Köckritz in der ZEIT vom 19. Mai 2011; Anmerkungen des Autors in eckigen Klammern).

Am stärksten wuchs der Mittelstand, er umfasste um 2010 mindestens 400 Mio. Menschen. Sie leisten sich teure Konsumgüter, investieren in größere Wohnungen, legen Wert auf das Statussymbol Auto; man besucht Restaurants und gönnt sich Urlaubsreisen, zunehmend auch ins Ausland.

Ausgangspunkt der sozialen Differenzierung einer vormals vergleichsweise egalitären Gesellschaft war der radikale Wandel der Wirtschaftspolitik seit 1980. Die Liberalisierung ermöglichte es, schnell reich zu werden. Nutznießer waren diejenigen, die rasch einen immer kaufkräftigeren Markt bedienen konnten, dabei vielfach auch skrupellos waren oder tollkühn spekulierten. Andere sind durch harte Arbeit oder neue Geschäftsideen zu Reichtum gekommen – Menschen wie He Yongzhi, der Restaurantketten aufbaute, oder Zong Qinghou, der als Getränkeproduzent Milliarden verdient hat und 2010 der reichste Mann Chinas war. Die zweite Generation der Reichen ist schon viel dünner gesät; wie in den westlichen Industriestaaten sind es vielfach Menschen, die in der IT-Branche innovativ sind. Und wie bereits erwähnt, besteht der größte Teil der Millionäre aus Kindern von Parteikadern, deren Väter die Macht zur Bereicherung nutzten.

Insgesamt ist die chinesische Gesellschaft sozial überaus dynamisch, und diese Dynamik wirkt sich auch ökonomisch aus. Viele Beobachter, auch im Ausland, sprechen vom größten Zuwachs an Wohlstand innerhalb kurzer Zeit in der Geschichte der Menschheit. Seit 1980, als die Wirtschaftsreform umgesetzt wurde, gelang weit über einer halben Milliarde Menschen der Weg aus der Armut.

Chinas Kultur: Vielfache Umbrüche

China erlebte in den letzten Jahrzehnten eine Vielzahl kultureller Brüche und Entwicklungen. Sie waren und sind jedoch von Antagonismen gekennzeichnet: Viele Zielsetzungen widersprechen sich, die politische Führung selbst nahm immer wieder drastische Kurskorrekturen vor, und viele soziale Prozesse haben eine Eigendynamik entwickelt, die wiederum von den Menschen eine erneute Anpassung verlangt.

Da ist zum einen die Betonung der traditionellen chinesischen Kultur. Die Regierung propagiert als Ziel eine „harmonische Gesellschaft" und akzeptiert damit überkommene Strukturen bzw. lässt Veränderungen nur in Übereinstimmung mit den Mächtigen zu. Zum anderen verlangt der Zwang zum Wirtschaftswachstum die ständige Offenheit für technische Innovation und soziale Beweglichkeit. Die Menschen sind gefordert, selbst für ihre Zukunft zu sorgen, das führt bei Erfolg zu wachsendem Selbstbewusstsein. Die Regierung erlässt vielfach gute Gesetze, und zunehmend erzwingen Bürgerinitiativen und Rechtsanwälte ihre Einhaltung. Was sich noch stark verbessern muss, ist die Möglichkeit des einfachen Bürgers, sich an der Gestaltung der Gesellschaft zu beteiligen. Derzeit wird verfolgt, wer sich kritisch äußert, wobei es der Regierung gleichgültig ist, ob es sich um Nobelpreisträger, international geachtete

Künstler oder im Ausland kaum bekannte Autoren handelt. Es wird auf die Dauer nicht möglich sein, diese kritischen Stimmen zum Schweigen zu bringen, und das wird gut für die Entwicklung der chinesischen Gesellschaft sein.

Das Internet verwandelt die junge Gesellschaft in noch nie da gewesenem Tempo. Die Regierung hat zwar aufwändige Überwachungssysteme installiert, allein die Nennung „Dalai Lama" oder „Jasmin" – in Anlehnung an den „Arabischen Frühling" 2011 – führt meist zur Sperrung. Doch die Nutzer sind gewitzt und umgehen solche Zensurmaßnahmen. Sie brechen damit das Informationsmonopol der Regierung, und Millionen im ganzen Land können sich im wahrsten Sinn des Wortes untereinander vernetzen. Die Millionen Wanderarbeiter erkämpfen sich zunehmend ihre Rechte, Mädchen werden selbstbewusster. Die Regierung will Kreativität, um den wirtschaftlichen Fortschritt zu sichern, allerdings nur technologische Kreativität. Politisch gilt weiterhin der Alleinvertretungsanspruch der Kommunistischen Partei, die aber zu wenige Antworten auf Fragen zum gesellschaftlichen Wandel hat.

Man muss sich nur überlegen, mit welchen Umbrüchen ein heute etwa 60-jähriger Chinese in seinem Leben zurechtkommen musste. Während der Kulturrevolution in seiner Kindheit wurde alles Alte abgelehnt, unendlich viele Kulturgüter – Bücher, Kunstwerke, religiöse Alltagsgegenstánden, ja selbst Akten und Unterrichtsmittel – wurden zerstört. Man wollte einen neuen Menschen schaffen, dessen revolutionärer Geist über materielle Unzulänglichkeiten triumphierte. Vielleicht hat er als Rotgardist an der Zerstörung und ideologischen Neuformulierung selbst aktiv mitgewirkt. Dann kam die Wirtschaftsreform, das Ideologische zählte plötzlich nichts mehr. Stattdessen huldigte man jetzt einem platten Materialismus. Versuche, die Befreiung aus der materiellen Armut durch eine Befreiung aus der sozialen und politischen Bevormundung zu ergänzen, wurden nicht nur auf dem Platz des Himmlischen Friedens an jenem 4. Juni des Jahres 1989 brutal unterdrückt. Der materielle Aufstieg ging weiter, nun ergänzt durch eine zunehmende gesellschaftliche Offenheit in Kunst und Kultur – solange sie das Machtmonopol der Partei nicht gefährdet. Eine Welle des Nationalismus betont heute wieder die historisch begründete Überlegenheit der eigenen Kultur, während durch die Globalisierung eine Fülle ausländischer Ideen ins Land strömt, die neue Wünsche und Begehrlichkeiten wecken.

Wenn dieses Buch ein wenig dazu beiträgt, Verständnis und Achtung für die Menschen in China zu vermitteln, die sich diesen kulturellen Umbrüchen stellen müssen und die bisher so viele Wandlungen überstanden haben, dann hat es ein Ziel schon erreicht. Zu hoffen ist, dass Chinas Beitrag zur globalen Entwicklung nicht nur in Produkten besteht. Angesichts der hoch entwickelten Kultur des Landes dürfte diese Erwartung wohl kaum enttäuscht werden.

2 Natur und Raum in China

China kann man nur verstehen, wenn man die große Bedeutung der Natur für das Land und seine Bewohner kennt. Im Alltag wirkt sich die Natur vielfach als Bedrohung aus: Dürren und Überschwemmungen ereignen sich jedes Jahr; seltener, dafür umso verheerender, sind Erdbeben. Geschickte Anpassung an die Naturgegebenheiten, vor allem aber zielgerichtete Umgestaltung der Natur bestimmen seit jeher die chinesische Politik.

Relief und Klima Chinas sind über Zusammenhänge und Einflussfaktoren miteinander verknüpft, die weit über das Land selbst hinausreichen: Interkontinentale Auswirkungen der Plattentektonik prägen die Oberflächenformen, subkontinentale Luftmassenbewegungen bestimmen das Klima.

Auf einer Karte der Plattentektonik erkennt man, dass sich von Süden die Indisch-australische Platte und von Osten die Pazifische und die Philippinische Platte unter die Chinesische Platte schieben. Diese sogenannte Subduktion der Erdplatten bestimmt das Relief im Westen und Süden Chinas: Im Westen wurde die höchste Gebirgskette der Welt, der Himalaja, aufgetürmt und das anschließende Hochland von Tibet nach oben gedrückt, in Südchina wurden frühere Meeresgebiete zum Südchinesischen Bergland herausgehoben. Die Auswirkungen der Philippinischen Platte auf die Oberflächengestalt sind relativ gering, die Gebirge in der Mandschurei und auf Taiwan sind hier zu nennen. China nördlich der Gebirgskette Kunlunshan und Qinlingshan besteht tektonisch aus der Sinischen Scholle, auch Sinischer Schild genannt; dieser Teil war im Verlauf der Erdgeschichte meist Festland.

Die tektonischen Bewegungen wirken sich nicht nur großräumig aus. Viele Verwerfungen, die sowohl in Nord-Süd- als auch in Ost-West-Richtung verlaufen, haben China wie ein Schachbrett in voneinander durch Bergzüge getrennte Landschaften aufgeteilt. Diese tektonischen Bewegungen dauern bis heute an, China ist deshalb ein Land mit sehr vielen Erdbeben. Als ent-

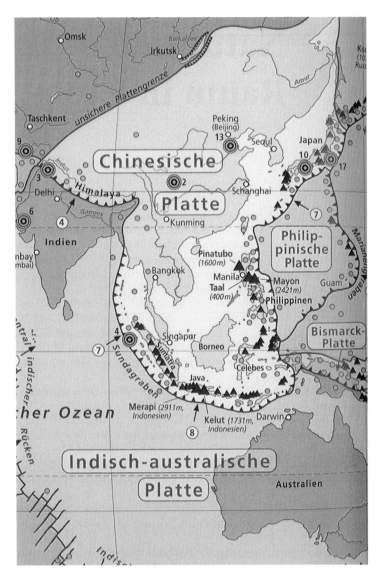

Von den Ozeanen her schieben sich Erdplatten unter die kontinentale Chinesische Platte, die mit unserer Eurasischen Platte verbunden ist. Diese tektonischen Bewegungen sind für das Relief Chinas entscheidend.

scheidende wirtschaftliche Auswirkungen der tektonischen Kräfte nennt der chinesische Geograph Zhao zwei Kennzeichen Chinas: seinen Reichtum an Bodenschätzen und seinen Mangel an Ackerland.

Das Klima Chinas ist ebenfalls nur in seinen großräumigen Zusammenhängen verständlich. Der Osten wird durch das Monsunklima, der Westen durch kontinentale Steppen- und Wüstenklimate geprägt. Der ostasiatische Monsun ist durch einen jahreszeitlichen Wechsel der Windrichtungen gekennzeichnet. Im Winter bildet sich über Zentralasien ein Kältehoch, aus dem kalte und trockene Luftmassen in das Tiefdruckgebiet über dem Pazifik strömen, allerdings nur das Klima im Nordteil prägen. Von September/Oktober bis März/April herrschen daher im Nordosten Chinas nordwestliche kalte und trockene Winde vor. Im Sommer bildet sich ebenfalls über Zentralasien ein Hitzetief. Dann werden feuchte Luftmassen vom Pazifik angesaugt, die vom Meer zum Land strömen und die gesamte Osthälfte Chinas beeinflussen. Der Verlauf des Sommermonsuns wird durch die Nordwanderung der planetarischen atmosphärischen Zirkulation in der warmen Jahreszeit bestimmt. Bereits im April beginnt der Sommermonsun in Südchina mit heftigen Niederschlägen. Die Niederschlagszone vergrößert sich nach Norden, im Juni wird der Jangtsekiang erreicht, im August steht ganz China unter dem Einfluss des Monsuns. Relativ rasch sinkt dann von Norden her die Niederschlagsmenge, im September fallen nur noch in Südchina höhere Niederschläge.

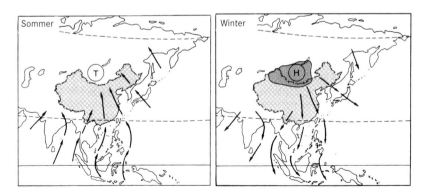

Die Hauptrichtungen des Winter- und Sommermonsuns zeigen den halbjährlichen Wechsel der Luftmassen. Für den Ackerbau entscheidend sind die Regenfälle während des Sommermonsuns, wenn der Wind große Wassermassen vom Pazifik ins Land bringt.

Das Relief Chinas

Stark vereinfacht lässt sich das Relief Chinas wie eine von West nach Ost abfallende Treppe mit vier Stufen darstellen.

Die oberste Stufe wird durch das Hochland von Tibet gebildet, volkstümlich auch „Dach der Welt" genannt und wissenschaftlich oft als Tibet-Qinghai-Plateau bezeichnet. Das durchschnittlich 4 000 bis 5 000 m über dem Meer liegende Hochland besteht aus zahlreichen Ebenen, die durch Gebirgszüge getrennt werden.

Die zweite Stufe bilden Plateaus und Becken in einer Höhenlage von 1 000 bis 2 000 m über dem Meeresspiegel. Im Einzelnen sind diese Gebiete sehr unterschiedlich, etwa das große Tarim-Becken im Nordwesten, die ausgedehnten Ebenen des Hochlands der Inneren Mongolei, das dicht be-

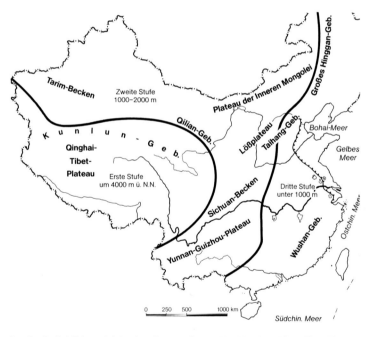

Das Großrelief Chinas gleicht einer Treppe, die vom Hochland von Tibet (Tibet-Qinghai-Plateau) hinunter zum Festlandsockel des Schelfgebiets führt, dem Inseln wie Hainan aufsitzen.

siedelte Rote Becken in Sichuan und das kleinräumig differenzierte Yunnan-Guizhou-Karstplateau im Süden.

Die dritte Stufe bilden Hügelländer und Ebenen. Dieses Gebiet ist durchschnittlich nur noch 500 m hoch und vielerorts nur wenige Meter über dem Meer gelegen. Im Norden überwiegen die Ebenen, von Nord nach Süd gehen die Mandschurische (Nordostchinesische) Ebene, die Nordchinesische (Große) Ebene und die Ebene des Jangtsekiang ineinander über. Im Süden bildet das stark gegliederte Südchinesische Bergland einen deutlichen Gegensatz zu den Ebenen, die Berge erreichen zwischen 200 und 1 000 m Höhe.

Die vierte Stufe ist der an das Festland anschließende Meeressockel, auf dem Chinas große Inseln Taiwan und Hainan liegen.

Hinsichtlich der Einzelheiten seines Reliefs ist China ein Land der Extreme. Auf seinem Boden, auf der Grenze zu Nepal, steht der höchste Berg der Welt, der Mount Everest (in China wird der tibetische Name Qomolangma verwendet) mit 8848 m, und in China befindet sich auch die zweittiefste Depression der Erde, die Salztonebene des ehemaligen Aydingkol-Sees, 154 m unter Meeresniveau gelegen.

Das Klima Chinas

China besitzt kontinentale Ausmaße, es ist so groß wie Europa, mit einer enormen West-Ost- und Nord-Süd-Erstreckung; dazu kommen gewaltige Höhenunterschiede vom Meeresspiegel bis zu knapp 9 000 m darüber. In China kommen deshalb fast alle Klimate der Erde vor. Allein im Himalaja bilden Gletscher ein Gebiet ewigen Eises von über 10 000 km². Tibet hat ein Schneeklima, bei dem die Temperaturen des wärmsten Monats teilweise nicht einmal 5 °C erreichen. Auf der Insel Hainan dagegen herrscht ein Tropenklima, sogar der kälteste Monat liegt noch über 18 °C. Im Landesinnern nehmen wegen des ariden (Trocken-)Klimas die Wüsten und Halbwüsten fast 1 Mio. km² ein.

Klimatisch lässt sich China in zwei Großräume teilen: Im Osten fallen genügend Niederschläge (humides Klima), der Westen ist durch Trockenheit (arides Klima) gekennzeichnet.

Im humiden Osten wird das Gebiet nördlich des Qinling-Gebirges und des Huai-Flusses je nach der verwendeten Klimaklassifikation durch das Klima der Mittelbreiten, Klimate der kühlgemäßigten Zone oder Schneeklimate bestimmt. Südlich der Linie Qinlingshan–Huaihe herrscht ein subtropisches warmgemäßigtes Klima vor. Das Landesinnere im Westen wird durch Trockenklimate geprägt, wobei sich das Hochland von Tibet noch als Gebiet des Eisklimas bzw. des sommerfeuchten Steppenklimas ausgliedern lässt.

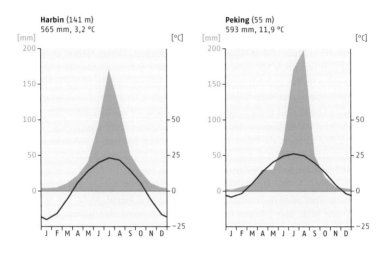

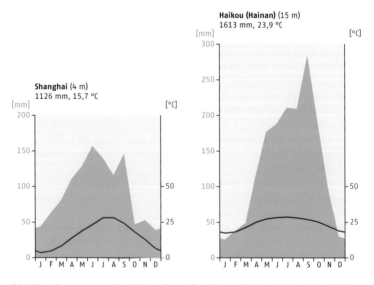

Die Klimadiagramme verdeutlichen die großen Unterschiede zwischen dem Eisklima in Tibet und dem Tropenklima auf Hainan. Der mm-Wert gibt jeweils die Jahresniederschlagsmenge an, der °C-Wert die Jahresdurchschnittstemperatur.

Urumqi (654 m)
262 mm, 6,7 °C

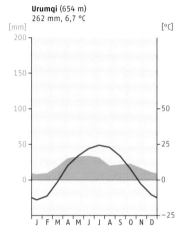

Lhasa (3659 m)
426 mm, 7,7 °C

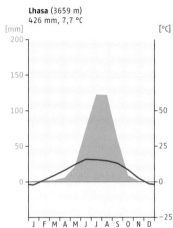

Hongkong (33 m)
2409 mm, 22,5 °C

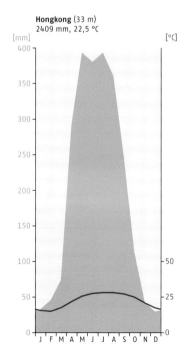

Neben dieser zonalen Gliederung ist für den Osten des Landes die Unbeständigkeit des Wetterablaufs kennzeichnend. „Der Monsun ist ein Spieler" oder „Auf den Himmel angewiesen sein" sind chinesische Redewendungen für die Tatsache, dass die Niederschläge äußerst unregelmäßig fallen, sich dadurch Überschwemmungen und Dürren ablösen.

Doppelte Zweiteilung: Die vier Farben Chinas

Für die menschliche Nutzung ist das Zusammenwirken von Relief, Klima und der daraus resultierenden Vegetation entscheidend. Stark vereinfacht lässt sich China in zwei naturgeographische Großräume einteilen: den durch den Monsun geprägten humiden Osten und den ariden Westen. Diese Unterschiede wirken sich in einer ethnischen Zweiteilung aus. Die ethnischen Chinesen, die sich *Han* nennen, betrieben vor allem Ackerbau. Ihr Siedlungsgebiet war daher der niederschlagsreiche Osten. Im trockenen Westen siedelten vorwiegend Nomaden oder Völker, die kleinflächig

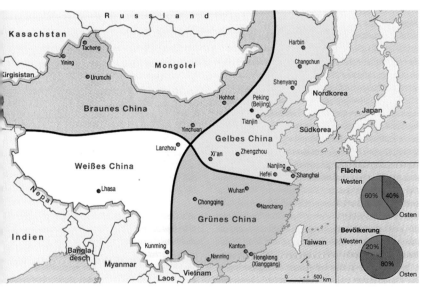

Die vier Farben sind klimabedingt. Sie verdeutlichen gleichzeitig in hohem Maße die agrarische Nutzung und die Bevölkerungsdichte.

in Flussoasen Ackerbau ausübten. Noch heute ist China zweigeteilt: Im humiden Osten leben auf 40 % der Landesfläche vier Fünftel der Bevölkerung, im ariden Westen dagegen auf 60 % der Fläche nur ein Fünftel der Bevölkerung.

Die beiden naturgeographischen Großräume lassen sich jeweils nochmals zweiteilen. Den vier Teilen werden Farben zugeordnet. Der humide Osten wird durch das Klima zweigeteilt. Der Norden ist durch gemäßigtes Klima geprägt, im Süden herrscht subtropisches Klima vor. Daraus resultieren zwei agrargeographische Großräume: Im Norden werden vor allem Weizen und Mais angebaut („gelbes China"), im Süden Reis, an Hängen auch Tee („grünes China"). Der aride Westen wird durch das Relief zweigeteilt: Die Steppen- und Wüstengebiete des Nordwestens bekamen wegen der sonnenverbrannten Vegetation den Namen „braunes China", das Hochland von Tibet wegen des Schnees die Bezeichnung „weißes China".

Naturlandschaften Chinas

Wegen der gewaltigen Größe, der Vielfalt des Reliefs mit seinen großen Höhenunterschieden, den sehr unterschiedlichen Klimazonen und der daraus resultierenden Fülle der Vegetationsunterschiede gibt es in China eine sehr große Zahl unterschiedlicher Naturlandschaften. Allein die Mannigfaltigkeit der Wälder beeindruckt: Von den Nadelwäldern im Nordosten Chinas, etwa dem Chingan, über die Laubmischwälder in den Ebenen und Hügelländern Nordchinas bis zu den immergrünen subtropischen Laubwäldern im gebirgigen Süden finden nicht nur Forstinteressierte abwechslungsreiche Landschaften.

Hier werden fünf Landschaften vorgestellt, die zum einen für China kennzeichnend sind und zum anderen durch ihre Naturschönheit beeindrucken. Dabei wird über die Darstellung der Natur hinaus auch die Auseinandersetzung und Nutzung durch den Menschen einbezogen.

Lösslandschaft im zentralen Nordchina

Löss gilt als einer der Kennzeichen Chinas, im Lössbergland entstand um Xian die chinesische Kultur. In den Lössgebieten kann man die Fähigkeit der chinesischen Bauern bewundern, durch Hangterrassierungen und Bewässerungssysteme einem von Natur aus kargen Boden Erträge abzuringen.

Löss besteht hauptsächlich aus Quarzstaub mit Kalkbeimengungen, der aus Steppen und Wüsten ausgeweht, mit dem Wind transportiert und in

Höhlenwohnung im Löss.

Steppen abgelagert wird. Die Gräser, auf die der Lössstaub angeweht wird, sorgen dafür, dass der Löss auch nach seiner Verwitterung zu Lössboden sehr standfest ist. Daher ist die Lösslandschaft durch steile, teilweise senkrechte Hänge geprägt. Wegen dieser Festigkeit kann man in den Löss ohne große Schwierigkeiten Höhlen graben, die teilweise noch als Wohnung genutzt werden.

Nach chinesischen Forschungen nehmen die Lössgebiete rund 480 000 km^2 ein, ihre Fläche entspricht damit ungefähr der von Deutschland, Österreich und der Schweiz zusammen; hinzu kommen weitere 190 000 km^2 mit lössähnlichen Ablagerungen. Da Löss leicht wasserlöslich ist, wird er besonders an steilen Hängen schnell abgetragen. Die Landschaft ist daher im Lössgebiet sehr stark durch Täler und Schluchten gegliedert. Durchschnittlich werden im Jahr von jedem Quadratkilometer nicht weniger als 3 100 t abgespült, Spitzenwerte gehen bis zu 39 000 t im Jahr. Das gesamte Lössgebiet verliert jedes Jahr rund 2,2 Mrd. t Material, von denen 1,6 Mrd. t in den Gelben Fluss (Huang He) gelangen und von ihm teilweise im Unterlauf wieder abgelagert werden. Die natürliche Ursache der Bodenerosion sind die Starkregen im Sommer, nach denen der Boden flächenhaft in die Täler

Die Lösslandschaften sind das Ursprungsgebiet der chinesischen Kultur. Noch heute sind sie nur unter großem Einsatz zu bewirtschaften und ständig durch Starkregen bedroht.

gleitet. Hinzu kommen menschliche Ursachen: Man hat die steilen Hänge terrassiert, um möglichst viele, wenn auch schmale Ackerflächen zu gewinnen. Und diese Terrassen werden oft durch die Starkregen zerstört.

Die Schluchten des Jangtsekiang

Nach dem Verlassen des Roten Beckens muss der Jangtsekiang ein Gebirgsmassiv durchbrechen, bevor er in die Nordchinesische Ebene eintritt. Am Ende des Wushan-Gebirges wird der Fluss in ein enges Durchbruchstal gezwängt. Es ist 200 km lang, besonders eng sind drei Schluchten: Qutang (8 km), Wuxia (40 km) und Xiling (76 km).

Die Schluchten des Jangtsekiang sind für Chinesen ein Symbol der Schönheit der Natur. Für die wirtschaftliche Anbindung des Beckens von Sichuan bildeten sie lange Zeit ein Verkehrshindernis, das erst durch den Bau des Drei-Schluchten-Damms gemildert wird.

Die Drei Schluchten gehören seit vielen Jahrhunderten zu den Sehenswürdigkeiten Chinas, viele Dichter haben wegen ihrer Naturschönheit Kalligraphien an den steilen Wänden hinterlassen. Die starke Strömung des Jangtsekiang überwand man seit Jahrhunderten dadurch, dass die Schiffe flussaufwärts getreidelt wurden – eine schwere und gefährliche Arbeit, denn die Treidelpfade waren meist schmal oder führten über Felsen. Seit etwa 2009 hat der Aufstau des Drei-Schluchten-Damms den Wasserspiegel im Bereich der Schluchten um bis zu 120 m ansteigen lassen. Damit können alle Schiffe mit eigener Kraft und ohne größere Gefährdung die Engstellen passieren. Die Schluchten des Jangtsekiang sind trotzdem noch immer eine der schönsten Naturlandschaften Chinas, denn es bleibt noch genug Höhe, um den Schluchtencharakter zu wahren.

Karstlandschaft Südchinas

Die Türme aus Kalkstein, die schroff aus sorgfältig bestellten Feldern ragen und sich in Flüssen spiegeln, sind eines der bekanntesten chinesischen Landschaftsbilder. Sie ziehen nicht nur Millionen Chinesen, sondern auch sehr

Die Landschaft um Guilin ist ein beliebtes Motiv in der chinesischen Malerei, die den Gegensatz von schroffen Bergen und dem ruhigen Fluss nach dem Prinzip von Yin und Yang als Einheit auffasst.

viele Ausländer etwa bei Fahrten auf dem Li-Fluss in ihren Bann. Zahlreiche chinesische Gemälde zeigen besonders die Landschaft um Guilin, die auch von Dichtern besungen wird.

Die Karstlandschaften Südchinas erstrecken sich über 600 000 km² und gelten als die größten der Welt. Am berühmtesten sind die Kegelkarsttürme um Guilin in Guangxi. Ihre Entstehung verdanken sie einem Zusammenspiel von Gestein, Tektonik und Klima. Der Kalkstein entstand als Meeressediment, durch tektonische Prozesse im Zuge der Subduktion der indisch-australischen Platte unter die chinesische Platte wurde das gesamte Gebiet gehoben, die Kalkmassen lagen nun hoch über dem Meeresspiegel. Die charakteristischen Türme entstehen durch die Verwitterung des Kalks im subtropischen Klima, verstärkt durch den tektonischen Vorgang der Landhebung. Die menschliche Nutzung, vorwiegend Reisanbau, ist auf die Talsohlen beschränkt. Entscheidend aber ist hier der Tourismus, der Tausende von Ausländern und Millionen von Chinesen anzieht. Sie bezeichnen diese Landschaft oft als die schönste der Erde.

Interessant ist eine unterschiedliche Sicht der landschaftlichen Schönheit. Ausländer sind begeistert, wenn sich die steilen Berge bei Sonnenschein klar im Fluss spiegeln und die Landschaft in allen Einzelheiten gut zu erkennen ist. Chinesen sind dagegen eher fasziniert, wenn Dunst oder Regen die Konturen verhüllt und nur Teile der Landschaft wahrzunehmen sind. Landschaft muss geheimnisvoll bleiben, im Kopf des Betrachters entstehen.

Wüstenlandschaften Westchinas

Normalerweise verbindet man die Vorstellung über China nicht mit Sandwüsten oder ausgedehnten Steinwüsten, auf denen schüttere Buschvegetation den Widrigkeiten der Natur trotzt. Die Wüsten liegen größtenteils außerhalb des historischen Chinas in den heutigen Autonomen Gebieten Innere Mongolei und Xinjiang sowie in den angrenzenden Provinzen Qinghai, Gansu und Shaanxi. Insgesamt sind über 1 Mio. km² Wüste, allein die Sandwüsten nehmen 640 000 km² ein, dazu kommen rund 460 000 km² Kies- und Geröllwüsten. Die Wüste Taklamakan, mit rund 300 000 km² nach der Rub al Kali in Arabien die zweitgrößte Wüste der Welt, galt lange Zeit als unbezwingbar. Langgestreckte Dünen, meist 100 bis 150 m hoch, nehmen 85 % ihrer Fläche ein. Die Taklamakan entstand, als während der Eiszeit ein vom Gletscherwasser der umliegenden Gebirge gefüllter See bereits vor 800 000 Jahren durch einen Klimawandel austrocknete. Heute fließen wenige Flüsse in die Wüste, gesäumt von Pappelwäldern – Oasen, die intensiv genutzt werden. Teilweise hat man das Schmelzwasser schon

Die Wüsten Chinas sind fast so groß wie seine Ackerflächen. Sie liegen vorwiegend im Westen des Landes, doch dehnen sie sich aus und bedrohen auch dicht besiedelte Gebiete im Osten.

am Gebirgsrand aufgefangen und leitet es in unterirdischen Kanälen zu den Ackerflächen.

Im östlichen Teil der Taklamakan befindet sich der Lop Nor. Noch 1950 befand sich im Becken ein See, der 2 000 km² groß war. Im Jahr 1958 soll er sogar 5 350 km² groß gewesen sein, doch schon 1962 war der See verschwunden. Übrig blieben Dünen – der See wurde zur Wüste. Seit 1964 als Testgelände für Atomwaffen genutzt, wird im Lop-Nor-Gebiet heute aus den Ablagerungen des Sees Kalisalz gewonnen, ab 2012 soll hier mit jährlich 3 Mio. t der weltgrößte Kaliabbau erfolgen.

Das Hochland von Tibet

Das „Dach der Welt" ist nicht weniger als 2,3 Millionen km² groß und wird von Gebirgen eingerahmt, die zu den höchsten der Welt gehören: im Süden vom Himalaja, im Westen vom Karakorum und im Norden vom Kunlun-Gebirge. Das Hochland besteht aus weit gespannten Ebenen, die von Gebirgsketten durchzogen werden. Vielfach haben sich in Bodensenken Seen gebildet, der größte ist mit 4 500 km² der 3 195 m über dem Meeresspiegel gelegene Qinghai-See (so die chinesische Bezeichnung; er ist auch unter seinem mongolischen Namen Koko Nor bekannt), der 4 718 m hoch gelegene Nam Co ist mit 1920 km² der höchste große See der Welt. Beide Seen sind Salzseen, denn sie liegen in abflusslosen Becken im ariden Teil Chinas, die im Wasser gelösten Salze können nicht abfließen, durch die Verdunstung steigt der Salzgehalt.

Die Vegetation ist, von den Tälern abgesehen, vielfach nur eine Steppe im Übergang zur Halbwüste. Trotz der widrigen Naturbedingungen wurden auf dem Hochland von Tibet 240 Tierarten festgestellt. Am bekanntesten ist der Yak, der den Tibetern erst Nomadismus und eine Agrarwirtschaft ermöglicht. Das Hochgebirgsrind kann mit einem Atemzug mehr Sauerstoff aufnehmen als seine Artgenossen im Tiefland, ein Beispiel für die Anpassung an die Höhe. Die für die Landschaft charakteristischen tibetischen Bergantilopen werden wegen ihrer feinen Wollhaare gejagt und sind trotz Schutzmaßnahmen von der Ausrottung bedroht.

Lange Zeit war das Hochland von Tibet für Fremde verboten. Ein Blick aus dem Fenster der Tibetbahn von Peking nach Lhasa offenbart die Schönheit, aber auch die Lebensfeindlichkeit des Landes.

Agrarzonen

Agrarzonen entstehen durch die Anpassung der landwirtschaftlichen Nutzung an die natürlichen Gegebenheiten, in China vor allem das Klima. Der humide Osten des Landes ist durch intensiven Ackerbau geprägt, der aride Westen durch extensive Viehzucht. Stark vereinfacht bilden die „vier Farben" Chinas auch die wichtigsten Agrarzonen.

1. Das „gelbe China": der humide Norden. Diese Agrarzone umfasst ein Gebiet, das von der Mandschurei nach Süden bis zu einer Grenze reicht, die vom Qinlin-Gebirge (südlich Xian) nach Osten etwa entlang des Flusses Huai He durch die Nordchinesische (Große) Ebene geht. In der Mandschurischen Ebene (chinesisch: Nordostebene) überwiegt der Anbau von Sojabohnen und Mais, weiter im Süden in der Nordchinesischen Ebene ist Weizen die mit Abstand führende Nutzpflanze, gefolgt von Mais. Kann im Norden nur einmal im Jahr geerntet werden, so sind in der Nordchinesischen Ebene drei Ernten in zwei Jahren möglich. Schnell reifender Reis wird angebaut, doch ist sein Anteil an der landwirtschaftlichen Nutzfläche gering. An weniger verbreiteten Nutzpflanzen sind Baumwolle und Erdnüsse zu nennen.

2. Das „grüne China": der humide Süden. Diese große Agrarzone umfasst sowohl die fruchtbare Ebene des Jangtsekiang als auch das subtropische Südchinesische Bergland und den tropischen Süden (Insel Hainan). Mit Abstand wichtigstes Anbauprodukt ist der Reis. Großflächig wird er in den Ebenen angebaut – im Roten Becken Sichuans und in einem breiten Band nördlich des Jangtsekiang. Im übrigen Gebiet dieser Zone überwiegt ebenfalls der Reis, doch sind wegen des Reliefs (schmale Talauen und Küstenebenen und nur kleine Ebenen im Bergland) die Anbauflächen klein. Im Norden der Zone sind zwei, in ihrem Südteil sogar zwei bis drei Ernten im Jahr möglich. Maulbeerbäume für die Zucht von Seidenraupen und Teeanbau sind für diese Zone ebenso kennzeichnend wie die vielen Teiche, die für Fisch- und Geflügelzucht (Gänse, Enten) genutzt werden. Dazu kommen Zuckerrohr und subtropische bis tropische Produkte wie Bananen, Ananas, Tabak, und es wird Kautschuk gewonnen.

3. Das „braune China": der aride Nordwesten. Hierzu gehört neben den Autonomen Gebieten Xinjiang, Ningxia und Innere Mongolei auch die Provinz Gansu. Die Ackerfläche macht nur 4 % der Gesamtfläche aus, meist ein Intensivanbau in den Flussoasen. Anbauprodukte sind Weizen und Mais, Baumwolle, Trauben und Melonen, in Ningxia auch Kartoffeln. 90 % der von Menschen genutzten Fläche ist einer meist extensiven Viehzucht vorbehal-

Reis ist das wichtigste Nahrungsmittel Chinas. Die Pflanzen wachsen zunächst in Anzuchtbeeten, werden jedoch bald in überflutete Felder gesetzt. Gegen Ende der Reifezeit wird das Wasser abgelassen. Reisbau verlangt daher ein ausgeklügeltes Be- und Entwässerungssystem, liefert dafür aber hohe Erträge.

ten. Das wichtigste Nutztier ist das Schaf, hinzu kommen Ziegen (Kaschmirwolle) und Pferde, in Gebieten mit dichterem Graswuchs auch Rinder.

4. Das „weiße China": der aride Südwesten. Geographisch fällt diese Agrarregion mit dem Hochland von Tibet (Tibet-Qinghai-Plateau) zusammen, politisch umfasst es neben dem Autonomen Gebiet Tibet die Provinz Qinghai und den Westteil der Provinz Sichuan. Ackerbau ist auf weniger als 1 % der Fläche möglich, vor allem im Tal des Yarlung Tsangpo, hier wird Gerste angebaut, daneben Hafer und Weizen. Bei der extensiven Viehzucht ist der Yak die am meisten verbreitete Art, hinzu kommen an das Hochlandklima angepasste Schaf- und Ziegenarten.

Die agrarzonale Gliederung darf nicht über die absoluten Flächengrößen hinwegtäuschen. Von der Gesamtfläche Chinas sind lediglich etwa 1,3 Mio. km^2 für den Ackerbau nutzbar und nur weitere 3,1 Mio. km^2 als Weideland geeignet. Damit sind von der Gesamtfläche des Staates lediglich 13 % Ackerland, oft noch in stark erosionsgefährdeten Lagen und etwa zur Hälfte nur bei Bewässerung ertragreich. Das sind ungünstige Voraussetzungen für die Ernährung von 1,35 Milliarden Menschen.

Bodenschätze

China ist ein rohstoffreiches Land. Beeindruckend ist vor allem die Vielfalt an nutzbaren Bodenschätzen, 149 an der Zahl, wie chinesische Forscher ermittelt haben. Bei zahlreichen Bodenschätzen ist China führend: Die im Weltmaßstab größten nachgewiesenen Vorräte an Gips, Wolfram, Antimon, Titan, Vanadium, Zink, Magnesit, Pyrit, Fluorit und Graphit sowie die an Seltenen Erden liegen in China. Im Weltmaßstab bedeutend (zweiter bis fünfter Rang) sind unter anderem die Vorkommen an Kohle, Eisenerzen, Zinn, Nickel, Blei, Quecksilber und Asbest. Wichtig sind die großen Vorräte an Mangan, Vanadium und Titan zur Stahlveredlung sowie an Bauxit für die Aluminiumherstellung. Bei einigen dieser Bodenschätze mag die wirtschaftliche Bedeutung gegenwärtig gering sein, doch das kann sich durch technische Entwicklungen rasch ändern, wie das Beispiel der Seltenen Erden zeigt. Diese Metalle waren bis vor kurzem wenig gefragt, ihre Gewinnung teuer und stark umweltbelastend, sodass etwa die Förderung in den USA eingestellt wurde. Die wichtigste Förderstätte für Seltene Erden ist die Bayan-Obo-Mine bei Baotou in der Inneren Mongolei, hier sollen 70 % der weltweiten Vorräte lagern. Neue technische Entwicklungen (u. a. Mobiltelefone, Katalysatoren, Energiesparlampen, Windkraftanlagen, Elektro- und Hybridfahrzeuge) führten zu steigender Nachfrage der Industrieländer nach Seltenen Erden, die China durch eine gewaltige Steigerung der Fördermengen befriedigte: Von 1992 bis 2010 wurde die Produktion auf 120 000 t verfünffacht. 2010 hatte China einen Weltmarktanteil von 97 %. Als es den Export drosselte, kam es zu Befürchtungen westlicher Industriestaaten, China könne ihren Fortschritt und ihre wirtschaftliche Entwicklung behindern.

Im Folgenden sind diejenigen Bodenschätze aufgelistet, die sowohl von ihrer Fördermenge wie von ihrer wirtschaftlichen Bedeutung für die Entwicklung Chinas entscheidend sind.

Von den Energierohstoffen sind Kohle und Erdöl wichtig. China ist mit weitem Abstand der größte Kohleproduzent der Welt: Allein an Steinkohle förderte es 2009 2 910 Mio. t, weit abgeschlagen liegen an zweiter Stelle die

USA mit 933 Mio. t (Deutschland: 13 Mio. t). Steinkohle hat einen Anteil von rund 75 % an Chinas Energieproduktion, was mit dazu führt, dass das Land auch der weltgrößte CO_2-Emittent ist. Die Förderung wächst stetig, noch 2003 waren es erst 1 500 Mio. t gewesen. Die Schwerpunkte der Vorkommen wie der Förderung liegen im Norden und hier wiederum in der Provinz Shanxi und dem Autonomen Gebiet Innere Mongolei. Daraus ergibt sich ein Problem: Weil es dort an Wasser mangelt, kann die Kohle nicht ausreichend gewaschen werden und muss mit einem erheblichen Anteil an taubem Gestein zu den Verbrauchsstätten transportiert werden. Kohle wird sowohl in modernen staatlichen Gruben gefördert als auch in zahlreichen kommunalen und privaten kleineren Bergwerken, in denen Technik teilweise durch billige Arbeitskraft ersetzt wird. Weil sich in den kleineren Bergwerken zahlreiche tödliche Unfälle ereignen, kommt es immer wieder zu Zwangsschließungen. Die Kohlevorräte in China sind weder völlig prospektiert noch umfassend erschlossen, nach chinesischen Quellen lagern noch 1 000 Mrd. t im Untergrund, nach anderen Quellen sind es „nur" 400 Mrd. t. Trotzdem gehört China zu den weltgrößten Kohleimporteuren, denn die Einfuhr ist billiger als die eigene Förderung.

Bei Erdöl ist China auf umfangreiche Importe angewiesen. Denn die eigene Förderung reicht nicht, um den Bedarf zu decken. Zwar erreicht China mit einer Gewinnung von 190 Mio. t (Stand 2009) im globalen Maßstab Rang fünf, doch trotz der Erschließung neuer Felder stagniert die Förderung. Denn schon 2008 verbrauchte China rund 370 Mio. t, und die Nachfrage wächst stetig. Das früher führende Feld in Daqing (Provinz Heilongjiang) trug um 2005 nur noch zu einem Drittel zur nationalen Förderung bei, inzwischen hat man weitere ertragreiche Ölvorkommen entdeckt. Gegenwärtig an zweiter Stelle liegt das Feld Shengli (Provinz Shandong), annähernd gleich hoch ist die Förderung im Autonomen Gebiet Xinjiang (u. a. im Karamay-Feld und im Raum Korla). Im Tarimbecken in Xinjiang und im Qaidambecken in Qinghai werden gewaltige Vorkommen vermutet, die durch chinesische und ausländische Gesellschaften unter hohem Aufwand erschlossen werden. Weitere große Öllagerstätten wurden in Sichuan und in einem Feld prospektiert, welches sich durch die Provinzen Shaanxi und Gansu sowie das Autonome Gebiet Ningxia zieht. Noch teurer als in Nordwestchina ist die Förderung von Erdöl im Ostchinesischen Meer, etwa in der Bohai-Bucht im Gelben Meer. Nach chinesischen Angaben betragen die ermittelten Vorkommen (Stand um 2000) rund 20 Mrd. t Erdöl (Rang neun der Weltvorräte) und rund 2 000 Mrd. m³ Erdgas (Rang 20). Was für die Kohle gesagt wurde, gilt genauso für das Erdöl: Auch von diesem Bodenschatz ist genug vorhanden, aber die hohen Kosten machen den Abbau so lange unrentabel, wie man aus anderen Teilen der Welt Erdöl billiger einführen kann.

Erdgas wird in verschiedenen Teilen Chinas gefunden, meist im Zusammenhang mit der Erdölprospektion. Mit neuen Verfahren wie *Hydraulic Fracturing* (auch *Fracking* – Gesteinszertrümmerung in der Tiefe – genannt) lassen sich Schiefertone nutzen, wodurch die Förderwürdigkeit und damit die Bedeutung der Erdölfelder gestiegen ist. In China wuchs die Produktion seit etwa 2005 stark an, 2010 wurden zudem schon 5 % der Gesamtenergie aus Erdgas gewonnen. Erdgaspipelines verbinden den Westen Chinas, etwa das Tarim-Feld, mit der energiehungrigen Küste, sie werden in den nächsten Jahren mit einem Aufwand von über 8 Mrd. Euro ausgebaut.

Bei den Energierohstoffen sind noch erhebliche Einsparpotenziale möglich, denn die Energieeffizienz ist gering. Das liegt zum einen an veralteter Technik sowohl in der Industrie als auch in den Haushalten, zum anderen an künstlich niedrig gehaltenen Preisen, die nicht zum Energiesparen anregen. Hier will die Regierung durch neue Technologien (z. B. Kraft-Wärme-Kopplung, bessere Isolierung der Häuser) und zahlreiche gesetzliche Vorgaben einen Wandel erreichen Auch in China ist der deutsche Spruch richtig: „Energiesparen ist unsere beste Energiequelle." Es wurden große Erfolge erzielt, doch bleibt noch viel zu tun. Selbst bei erfolgreichen Sparmaßnahmen wird der Energieverbrauch bei anhaltendem Wirtschaftswachstum und wachsendem Wohlstand auf jeden Fall steigen – und schon jetzt ist China der größte Energieverbraucher weltweit.

Bei den Erzen nimmt Eisen mengenmäßig die größte Bedeutung ein. Nach chinesischen Angaben verfügt China über die fünftgrößten Vorräte der Welt, die Angaben schwanken zwischen 35 Mrd. t und 46 Mrd. t. Beim Eisen ist allerdings zu beachten, dass der Erzgehalt sehr unterschiedlich ist, die angegebenen Werte beziehen sich daher teilweise auf die Förderung unabhängig vom Erzgehalt, teilweise wird ein bestimmter Erzgehalt vorgegeben und danach die Förderung berechnet. Das zeigt das Beispiel der Förderung im Jahr 2009: Nach offiziellen chinesischen Angaben wurden 880 Mio. t Erz verschiedenen Eisengehalts gefördert, umgerechnet auf einen Erzgehalt von 63 % waren es (nach Angaben der schwedischen Raw Materials Group) 235 Mio. t. Die meisten in China gefundenen Eisenerze haben einen geringen Eisengehalt, oft nur 35 %. Bei der Förderung hat sich China in wenigen Jahren Platz eins gesichert: Wurden – gemessen nach einem Fe-Gehalt von 63 % – 2004 erst 100 Mio. t gefördert, waren es 2008 schon 263 Mio. t.

Eines der größten Eisenerzlager liegt bei Anshan in der nordostchinesischen Provinz Liaoning und bildet dort die Grundlage für eine bedeutende Stahlindustrie. Weitere Erzlager mit über 1 Mrd. t gesicherter Reserven befinden sich in der Inneren Mongolei (Bayan-Obo-Mine; dieses Bergwerk fördert neben Erz auch die größte Menge an Seltenen Erden) und in Shanxi (Wutai). Eisenerzlager sind auch die Grundlage einer bedeutenden Stahlindustrie in Wuhan (Provinz Hubei) und in Panzhihua (Provinz Sichuan), um nur zwei herauszugreifen. Immer wieder werden neue Erzlager entdeckt, so zu Beginn des neuen Jahrhunderts in der nordostchinesischen Provinz Liaoning. Hier sollen nach chinesischen Angaben zwischen 3 Mrd. und 7,6 Mrd. t liegen. Aus diesem größten Vorkommen zumindest Asiens will man ab 2015 jährlich 5 Mio. t gewinnen.

Trotz der gewaltigen eigenen Vorräte ist China auch der größte Eisenerzimporteur der Welt, fast die Hälfte des Bedarfs muss eingeführt werden, allein im Jahr 2009 über 400 Mio. t (gemessen an der Erzförderung, nicht nach dem Eisengehalt).

Selbst bei den wertvollsten Rohstoffen ist China führend: mit 275 t Gold stand das Land 2010 an erster Stelle (das meist genannte Südafrika lag mit 212 t erst auf Rang vier nach den USA und Australien), bei der Gewinnung von Silber mit 2 557 t (2007) auf Rang zwei (nach Peru).

Beispiel eines für die Bauwirtschaft bedeutenden Rohstoffs ist Gips. China verfügt nach eigenen Angaben über die weltgrößten Vorkommen, bereits 1997 waren 58 Mrd. t prospektiert. Die über 600 Vorkommen sind

Klimaanlagen waren noch bis zum Jahr 2000 kaum verbreitet, seitdem gehören sie in der Stadt fast zum Standard. Strom ist verhältnismäßig billig, der steigende Wohlstand ermöglicht es, in der Wohnung der schweißtreibenden schwülen Hitze zu entkommen. Weil in den meisten Wohnungen südlich des Jangtsekiang keine Heizungen eingebaut sind, werden die Klimaanlagen dort energieaufwändig auch im Winter genutzt.

über fast das ganze Land verteilt, wobei etwa ein Drittel in den Provinzen Hunan und Hubei liegt. Gips wird nicht nur in der boomenden chinesischen Bauindustrie und in der Düngemittelindustrie verwendet, wegen der reichen Vorräte werden auch zahlreiche Baumaterialien aus Gips exportiert.

Chinas Bodenschätze werden in größerem Ausmaß erst seit der Gründung der Volksrepublik erforscht. Die Exploration ist noch keineswegs abgeschlossen, auch in Zusammenarbeit mit ausländischen Konzernen werden immer wieder neue Lagerstätten entdeckt.

Sonstiges Naturpotenzial

China besitzt eine Fülle weiterer Ressourcen, die neben Acker- und Weideland sowie den Bodenschätzen genutzt werden können.

Wald. Chinas Landschaften scheinen im Osten durch Ackerbau, im Westen durch Steppen und Wüsten geprägt. Dennoch nimmt Chinas Waldfläche nach offiziellen Angaben mit 1,7 Mio. km^2 fast ein Fünftel der Staatsfläche ein, ist die Waldfläche weit größer als die Ackerfläche. Die größten zusammenhängenden Waldgebiete finden sich im Gebirgsland der Mandschurei, im Großen und Kleinen Chingan und im Grenzgebirge zu Korea. Kleinere Waldareale sind im humiden Osten überall verbreitet, denn die steilen Hänge lassen oft keine andere Nutzung zu. Wälder werden in verschiedener Weise genutzt, Holz wird für Bau- und Heizzwecke geschlagen, Blätter dienen als Viehfutter. In vielen Gegenden hat man aufgeforstet, um die Erosion zu stoppen, am bekanntesten sind die Schutzwaldgürtel. Lange Zeit wurde an den Wäldern Raubbau betrieben, besonders im Lössbergland oder am Ostabfall des Hochlands von Tibet. Aufforstungen sind oft wenig effektiv, weil sie nicht sorgfältig ausgeführt wurden oder weil die Gegend wegen zu geringer Niederschläge nicht für Wald geeignet ist.

Wasser. Diese Ressource wird in China umfassend genutzt. Mit über 550 000 km^2 verfügt China über die weltweit größte Bewässerungsfläche, über 40 % des gesamten Ackerlandes werden künstlich bewässert. Das Stufenrelief und die Gebirgstäler mit hohem Gefälle ermöglichen es, das Wasser zur Elektrizitätsgewinnung zu verwenden, ohne dass es verbraucht wird. China verfügt mit 540 Mio. kW über das größte Wasserkraftpotenzial der Welt. Die Flüsse werden zunehmend zu Energiekaskaden mit einer Abfolge von Kraftwerken umgestaltet. So nutzt man den Jangtsekiang in seinem Oberlauf verstärkt zur Energiegewinnung, bis 2020 sollen weitere 20 Kraftwerke Energie erzeugen und den Wasserstand regulieren.

Die Drei-Schluchten-Anlage

Gewöhnlich spricht man vom Drei-Schluchten-Damm oder dem größten Wasserkraftwerk der Welt. Man kann aber auch vom Zweck der Talsperre ausgehen und die Vielfalt der Funktionen verdeutlichen. Daher wird hier der neutrale Ausdruck „Drei-Schluchten-(Wasser)-Anlage" verwendet.

Regulierung des Wasserstandes
Die Wassermenge des Jangtsekiang schwankt wegen der jahreszeitlich unterschiedlichen Niederschläge sehr stark. Im Gebiet der Drei-Schluchten-Anlage fließen während der niederschlagsarmen Zeit von November bis Mai lediglich 3000 m³/s, während der Regenperiode von Juni bis Oktober strömen etwa 50 000 m³/s im Fluss. Beim Extremhochwasser im Jahr 2010 wurden oberhalb des Damms 70 000 m³/s gemessen, über das Kraftwerk und die geöffneten Wasserdurchlässe (Spillways) wurden 40 000 m³/s abgelassen. Das Ziel ist, die Hochwasserschwellen aufzufangen und dadurch Überschwemmungen im dicht besiedelten Mittel- und Unterlauf des Jangtsekiang zu verhindern.

Dieses im Ausland weniger bekannte Ziel ist in China das Hauptargument der Befürworter des Damms.

Energiegewinnung
Im Damm befinden sich an beiden Enden Wasserkraftwerke. Die 26 Generatoren mit je 700 MW installierter Leistung haben eine Gesamtleistungskapazität von 18,2 GW (18 200 MW). Damit ist die Anlage das größte Wasserkraftwerk der Welt (vor Itaipu in Brasilien mit 14 GW). Damit werden jährlich 85 Mrd. kWh Strom erzeugt. 2009 wurde beschlossen, weitere sechs Generatoren einzubauen, damit wird die Gesamtkapazität auf 22,4 GW steigen.

Der Strom aus dem Drei-Schluchten-Kraftwerk wird vor allem über moderne 500 kV-Gleichstrom-Leitungen geleitet, zum einen nach Westen (Sichuan), zum anderen nach Osten in die Ballungsräume an der Küste.

Nach Meinung der Befürworter hat das Kraftwerk zwei Vorteile: Zum einen erzeugt es dringend benötigte Elektroenergie, zum anderen geschieht dies umweltfreundlich, weil eine Umweltbelastung wie bei den Kohlekraftwerken entfällt.

Ausbau der Schifffahrt
Seit dem Aufstau können Schiffe bis zu 10 000 t Ladekapazität die Millionenstadt Chongqing erreichen. An der Drei-Schluchten-Anlage werden Frachtschiffe in zwei fünfstufigen Schleusentreppen in etwa vier Stunden rund 100 m gehoben bzw. gesenkt. Kleinere Personenschiffe werden von 2011 an in einem wassergefüllten Trog, d. h. mit einem Schiffshebewerk, den Höhenunterschied viel rascher überwinden. Ziel ist es, die Transportkapazität des Wasserweges von vorher 10 Mio. t auf 50 Mio. t zu erhöhen.

Wasser für den Norden

Im Rahmen des Süd-Nord-Wassertransfers ist geplant, Wasser aus dem Drei-Schluchten-Damm in den wasserarmen Norden zu leiten. Hier ist man über erste Studien noch nicht hinausgekommen.

Ein umstrittenes Bauwerk

Die Drei-Schluchten-Anlage ist auch in China sehr umstritten, schon bei der Abstimmung im Parlament gab es – damals eine Sensation – zahlreiche Gegenstimmen. Während die Befürworter die wirtschaftlichen Vorteile

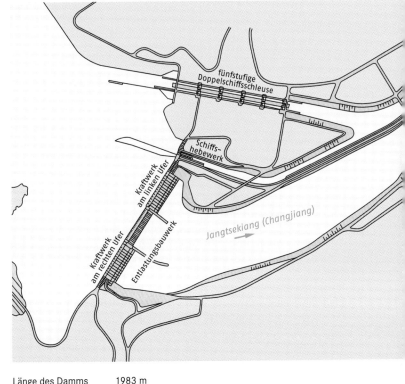

Länge des Damms	1983 m
Höhe der Staumauer	etwa 130 m (185 m über NN)
Speicherkapazität	39 Mrd. m³ (davon 22 Mrd. m³ Hochwasserrückhaltung)
Länge des Stausees	600 km (bis Chongqing)
Fläche des Stausees	1085 km² (Verdoppelung der bisherigen Wasserfläche)

betonen, führen die Gegner eine Fülle unterschiedlicher Argumente an. Hier sind die wichtigsten zusammengestellt:

- Durch den Aufstau werden zahlreiche Kulturrelikte überflutet.
- Weit über eine Million Menschen mussten umgesiedelt werden, teilweise in weniger geeignete Räume.
- Der Jangtsekiang verliert durch den Stau seine Selbstreinigungskraft, wegen der Schadstoffeinleitung durch Industrie und Wohnbevölkerung wird die Wasserqualität erheblich sinken.
- Im Stausee werden verstärkt Sedimente abgelagert, dadurch wird seine Wasserspeicherkapazität rasch kleiner.
- Der Damm ist nur bis zu einem Erdbeben der Stärke 7 (Richter-Skala) sicher. Er steht in einer erdbebengefährdeten Zone. Außerdem wird befürchtet, dass bereits das hohe Gewicht der gestauten Wassermassen (die Wasserhöhe steigt um bis zu 130 m) Erdbeben auslösen kann.
- Im Krieg ist der Damm ein Angriffsziel.
- Bei einem Dammbruch wären mehrere Millionen Menschen bedroht.

Der Mittel- und Unterlauf des Yalong in Sichuan, ein Zufluss des Jangtsekiang, wurde mit elf Kraftwerken zu einer Energieerzeugungstreppe ausgebaut, allein das Ertan-Kraftwerk hat mit 3 300 MW die Kapazität von zwei Kernkraftwerken. Bekannter sind die großen Staudämme und hier wieder der Drei-Schluchten-Damm im Mittellauf des Jangtsekiang. Mit einer Nennleistung von 18 200 MW ist er gegenwärtig das größte Wasserkraftwerk der Welt. Diese intensive Nutzung der Wasserkraft ist unter Umweltschützern und Anrainern nicht unumstritten, neben der Diskussion über den Drei-Schluchten-Damm wird etwa der Ausbau des Lancang (der außerhalb Chinas Mekong heißt) durch acht Wasserkraftwerke vielfach abgelehnt. Hier soll allein das Xiaowan-Kraftwerk 4 200 MW erzeugen. Akzeptiert ist Energiegewinnung im ländlichen Raum, wo man auch geringe Gefälle zur Stromerzeugung genutzt, um z. B. Pumpen zur Bewässerung anzutreiben. Denn hier wird die Landschaft kaum verändert.

Wind und Sonne. China wurde in wenigen Jahren führend in der Nutzung dieser regenerativen Energien. Das liegt unter anderem daran, dass die Regierung diese Entwicklung sehr fördert, um die hohe Belastung der Umwelt durch die Nutzung der Kohle zu vermindern.

An der Küste und in den baumlosen Gebieten im ariden Nordwesten finden sich die besten Voraussetzungen für Windkraftwerke. Die Nutzung setzte schon relativ früh ein, bereits 1990 gab es über 100 000 kleinere Anlagen mit einer Kapazität von 12 MW, der Durchbruch kam nach 2005; 2009 betrug die Kapazität rund 25 000 MW, 2020 sollen es 100 000 MW (100 GW) sein.

Die Solarenergie bietet wegen der südlichen Lage Chinas und besonders im wolkenfreien ariden Westen ein sehr großes Potenzial. Sonne als Heizung wird dezentral auf Hausdächern schon von über 200 Mio. Chinesen genutzt, damit werden die Industrieländer weit übertroffen. Diente die Solarenergie früher fast ausschließlich zur Wärmegewinnung, so soll sie verstärkt zur Stromgewinnung eingesetzt werden. Wie in vielen Bereichen ist die Planung spekulativ auf Wachstum ausgerichtet. Schon heute gehört China zu den weltweit größten Herstellern von Solarzellen.

Gefährdungen durch die Natur – Gegenmaßnahmen der Chinesen

Fast in ganz China drohen Naturkatastrophen. Dürren und Überschwemmungen, Erdbeben und Taifune gefährden ganze Landschaften, richten großflächig gewaltige Zerstörungen an und kosten vielen Menschen das Leben – trotz ständig verbesserter Vorsorge und immer umfangreicheren Hilfsmaßnahmen. Diese existenzielle Gefährdung durch die Natur prägt auch die chinesische Kultur, sie wird sogar als eine ihrer Wurzeln angesehen. Die genannten Naturereignisse sind aber, trotz ihrer Häufigkeit, kurzfristige Phänomene. Hinzu kommen langfristige Folgen der Veränderungen des Naturpotenzials, ausgelöst durch menschliche „Inwertsetzung" und durch den Klimawandel.

Die im Folgenden beschriebenen Gefährdungen durch die Natur betreffen in vielen Teilen Chinas immer wieder zahlreiche Menschen. Die dagegen getroffenen Maßnahmen vermögen die Bedrohungen zu mindern, völlig bannen lassen sie sich nicht.

Überschwemmungen. Durchschnittswerte der Niederschläge besagen in China wenig, denn Extreme sind fast die Regel. So wechseln sich vor allem in China nördlich des Jangtsekiang Dürren und Überschwemmungen ab. Überschwemmungen betreffen vor allem die Region des Jangtsekiang und die Nordchinesische Ebene. Historische Quellen listen für den Zeitraum zwischen 602 v. Chr. bis 1950 allein für Nordchina 1 573 schwere Überschwemmungen auf, die Millionen Menschen das Leben kosteten. Fast jährlich ereignen sich auch heute noch Katastrophen, als Beispiel seien die verheerenden Überflutungen von 2010 genannt. Nicht nur der Jangtsekiang trat über die Ufer, sondern auch im zentralen Sichuan und in Shaanxi sowie im Nordosten, in der Provinz Liaoning, wurden weite Gebiete überschwemmt. Nicht weniger als 7 Mio. ha Ackerland (das ist die Fläche ganz Bayerns) standen unter Wasser, rund 650 000 Häuser wurden zerstört, allein im Südwesten Chinas mussten über 100 000 Menschen vor den Fluten fliehen. Durch den Einsatz von hunderttausenden Soldaten und Helfern konnten die Verluste an Menschen mit „nur" 1 000 Toten verhältnismäßig gering gehal-

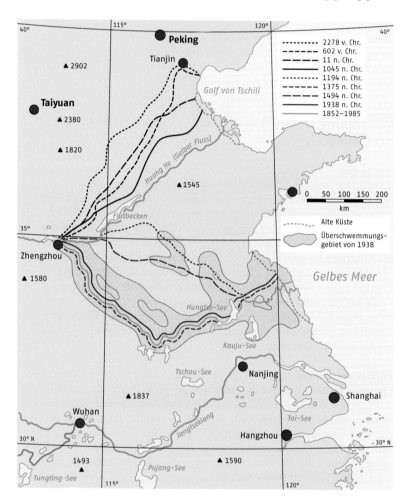

Die Verlagerungen des Gelben Flusses verdeutlichen die Gefahr, die vom Huang He ausgeht. Erst seit 1947 fließt er nördlich der Halbinsel Shandong ins Meer, von 1938 bis 1947 befand sich die Mündung rund 400 km weiter südlich.

ten werden. Wenn die Fluten zurückgehen, sind Straßen und Felder meist von dicken Schlammmassen überzogen.

Die Maßnahmen gegen Überschwemmungen sind so alt wie die chinesische Kultur, denn sie entstand im Überschwemmungsgebiet des Gelben Flusses (Huang He). Es gelang, durch Deiche und Ableitungskanäle auch Hochfluten zu bewältigen. Das ist etwa im Gebiet des Gelben Flusses besonders schwierig, weil sich dort beim Nachlassen des Hochwassers die mitgeführten Sedimente ablagern und das Flussbett sich jährlich um bis zu 8 cm erhöht. Im Unterlauf ist der Gelbe Fluss daher ein Dammfluss, seine Deiche müssen ständig erhöht werden. Man spricht von einer „Großen Mauer über dem Wasser". Im Lauf der Jahrhunderte hat der Gelbe Fluss seine Mündung immer wieder verlegt, weil er sein altes Bett zusedimentiert hatte. Noch um 1000 n. Chr. mündete der Gelbe Fluss südlich von Peking bei Tianjin ins Meer, zwischen 1938 und 1947 lag die Mündung südlich der Halbinsel Shandong, etwa 600 km entfernt.

Die Maßnahmen gegen Überschwemmungen werden immer vielfältiger. Traditionell setzt man auf Deiche, tausende Kilometer Deiche wurden neu gebaut, bestehende Deiche erhöht. Am Gelben Fluss hat man teilweise mehrere Dämme parallel zueinander errichtet: Wird einer überflutet, kann der Fluss sich auf einer Überschwemmungsfläche bis zu einem zweiten Damm ausdehnen. Entlang des 800 km langen Unterlaufs wehren 2 000 km Dämme den über die Ufer tretenden Wassermassen.

Zum andern sollen Talsperren die Hochfluten abfangen und Hochwasserspitzen kappen, aber auch bei Niedrigwasser durch zusätzliche Wassermengen die Sedimentation mindern und so Dammüberflutungen im Unterlauf verhindern. Das bekannteste Beispiel ist der Drei-Schluchten-Damm. Langfristig lassen sich Überschwemmungen auch durch Aufforstung verhindern, weil dadurch die monsunalen Sturzregen nicht so rasch abfließen.

Die umfassenden Strategien gegen Überschwemmungen werden allerdings durch lokale wie regionale Landnutzungen behindert. So hat man nicht nur am Jangtsekiang auf den Überflutungsflächen Felder, Industrieanlagen und Siedlungen angelegt, die nun durch Deiche geschützt werden, welche wiederum den Fluss einengen und dadurch die Hochwasserspitze erhöhen. Der Dongting-See ist als Flutausgleichsbecken des Jangtsekiang bei Niedrigwasser nur etwa 2 700 km^2 groß, beim jährlichen Hochwasser im Sommer wächst seine Fläche auf bis zu 20 000 km^2 und nimmt so einen großen Teil der zusätzlichen Wassermassen auf. Allerdings wird der See nicht nur durch Sedimentation von 5 cm/Jahr, sondern auch durch Dammbauten immer mehr eingeengt: Auf fruchtbaren Böden erstreckt sich ein bedeutendes Reisanbaugebiet. Damit wird aber in anderen Gebieten die Überschwemmungsgefahr erhöht.

Dürren. Die Dürren haben unterschiedliche Ursachen. Naturbedingt entstehen sie durch die Unregelmäßigkeit der monsunalen Niederschläge im Sommer. Historische Dokumente nennen für den Zeitraum von 206 v. Chr. bis 1949 1 056 schwere Dürren, also durchschnittlich alle zwei Jahre eine. Noch 1920 starben fünf Millionen Menschen bei einer Dürre in Nordchina. In neuer Zeit kommen Dürren durch Übernutzung des Bodens hinzu: Das vom Wasserbedarf her anspruchslose Steppengras und die Steppenstrauchvegetation werden umgebrochen, die Ackerpflanzen brauchen jedoch wesentlich mehr Wasser, ebenso die Schutzwälder mit den rasch wachsenden Pappeln. Dadurch trocknet der Boden tiefgründig aus, zumal wenn zur Bewässerung immer tiefere Brunnen angelegt werden. Die am stärksten von Dürren heimgesuchten Regionen sind die Innere Mongolei und die Nordchinesische Ebene.

Nicht nur Bauern erleiden hohe Ernteverluste, Industrieanlagen müssen wegen Wassermangel stillgelegt werden; in Städten werden nicht nur Grünanlagen nicht mehr bewässert, Wassermangel führt auch dazu, dass etwa durch Chemikalien belastetes Wasser als Trinkwasser verwendet werden muss. Die Chinesen haben gegen Dürren meist im lokalen und regionalen Rahmen umfassende Maßnahmen ergriffen. Die großflächigste ist die künstliche Bewässerung der Felder: Wie oben erwähnt, verfügt China mit insgesamt über 550 000 km² über die weltweit größte Bewässerungsfläche. Kanäle und Aquädukte durchziehen die Landschaft, an den Flüssen finden sich zahlreiche Pumpstationen, die Wasser an die Felder liefern, man hat weit über 100 000 Brunnen gebohrt. Berühmt wurde unter anderem der „Rote-Fahne-Kanal" (erbaut 1959–1969), der über einen 71 km langen Hauptkanal und ein System von über 2000 km langen Kanälen ein Gebiet im Nordteil der von Dürren bedrohten Provinz Henan versorgt. Noch bedeutsamer, weil für die Wirtschaftsentwicklung des Raumes Peking-Tianjin wichtig, ist der Plan, aus dem wasserreichen Süden Chinas große Mengen in den dürregefährdeten Norden zu leiten.

Versalzung der Böden. Betroffen sind in China die Regionen, in denen mineralienreiches Wasser durch eine hohe Verdunstung an die Oberfläche gesogen wird und dort auskristallisiert. Von Natur aus ist dies auf die Becken im Landesinnern, etwa in Xinjiang, Qinghai und Tibet, und auf Landstriche an der Küste beschränkt. Die Fläche der versalzten Böden hat jedoch durch eine unsachgemäße Bewässerung stark zugenommen. So hat man etwa am Fluss Tarim (Xinjiang) bewässert und sich kaum um eine Drainage des Wassers gekümmert, mit der Folge, dass heute viele Felder wegen einer Salzkruste an der Oberfläche nicht mehr zu nutzen sind. Ähnliches geschah am Mittellauf des Gelben Flusses (Huang He). Das Problem liegt darin, dass eine

Drainage hohe Kosten verursacht und anfangs nicht notwendig erscheint. Durch die Anlage von Drainagen, die das mit Salz angereicherte Wasser ableiten, und durch Tiefbrunnen, die salzarmes Wasser fördern, kann man die Versalzung aufhalten und sogar rückgängig machen.

Desertifikation. Die durch menschliche (Über-)Nutzung verursachte Verwüstung ursprünglich intakter Naturlandschaften schreitet vor allem dort voran, wo Weideland entweder zu Ackerland umgebrochen oder der Bewuchs durch Überweidung zerstört wurde. Man hat zahlreiche Maßnahmen eingeleitet, um die Desertifikation zumindest aufzuhalten: Ackerland wurde wieder zu Weideland umgewandelt, Nomaden wurden angesiedelt (was z. B. in der Inneren Mongolei zu Protesten führte). Die Desertifikation wirkt weit über das direkt betroffene Gebiet hinaus. So klagen nicht nur die Bewohner Pekings jedes Jahr im April über die Sandstürme, die den Himmel gelb oder orange färben, die Menschen zwingen, Atemmasken zu tragen, und die überall eindringen.

Die Wüsten im Westen Chinas gehören zu den größten der Erde, und auch sie dehnen sich aus: jährlich um bis zu $2\,500\ \mathrm{km^2}$. Durch Schutzwälder versucht man, die Entwicklung aufzuhalten.

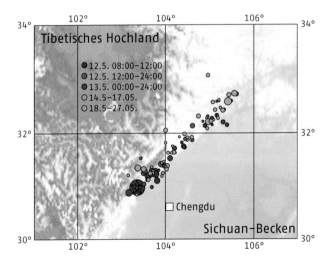

Das Erdbeben vom 12. Mai 2008 in Sichuan zerstörte in einem langgezogenen Streifen ein zum Glück dünn besiedeltes Gebiet. Dennoch waren die Schäden erheblich, vom Leid des Einzelnen ganz abgesehen.

Das Erdbeben von Sichuan 2008

Als am 12. Mai 2008 um halb drei nachmittags in der Nähe der Hauptstadt Chengdu die Erde bebte, wurden Zehntausende getötet oder verschüttet. Sofort leitete man umfassende Hilfsmaßnahmen ein, die Regierung entsandte Ärzte und Soldaten, Räumgerät wurde herangebracht – ein schwieriges Unternehmen, denn viele Straßen waren zerstört. Die Schwere der Katastrophe führte dazu, dass China ausländische Hilfstrupps in das zerstörte Gebiet ließ. Aber auch viele Chinesen ergriffen die Initiative, man wartete nicht wie meist sonst auf die staatlichen Maßnahmen. Privatleute sammelten Geld und Materialien, beluden Lastwagen mit Decken, Wasserflaschen und Lebensmitteln und fuhren in Eigeninitiative in das Erdbebengebiet.

Neben dem Positiven des Bürgerengagements gab es auch Negatives zu vermelden: Während die Bauten der Parteibüros das Beben meist ohne große Schäden überstanden, stürzten viele Schulen ein. Eltern, die ihr einziges Kind verloren, beschuldigen Behörden, Gelder unterschlagen zu haben, die von der Regierung für den Bau der Schulen zur Verfügung gestellt worden waren.

Die Regierung hat Milliarden Yuan für den Wiederaufbau zur Verfügung gestellt, der viele Jahre dauern wird.

Erdbeben. Wegen der tektonischen Bewegung der Kontinentalplatten sind die Menschen in fast ganz China durch Erdbeben gefährdet. Chinesische Wissenschaftler haben nachgewiesen, dass Erdbeben in fünf „seismischen Bändern" besonders häufig sind; die meisten Beben ereignen sich in einem Band, das sich von Tibet, Qinghai und Xinjiang über Teile Sichuans und Yunnans zieht, dort wirkt sich die Subduktion der indisch-australischen Platte aus. Jedes Jahr ereignen sich zahlreiche Erdbeben, die meist auch Todesopfer fordern. Die schwersten Erdbeben seit 1950 waren das Beben von Tangshan im Jahr 1976 mit der Magnitude 7,4, das nach offiziellen Angaben 240 000 und nach inoffiziellen Schätzungen 650 000 Menschenleben forderte, und das Erdbeben in Sichuan im Jahr 2008 mit einer Magnitude von 7,9, bei dem rund 85 000 Menschen ums Leben kamen und fast 6 Mio. Menschen obdachlos wurden.

Umgestaltung der Natur zur Abwehr der Gefährdungen

Es gibt zwei Möglichkeiten, sich mit der Natur auseinanderzusetzen: sich den Naturbedingungen anzupassen oder die Natur nach den Vorstellungen

Reis muss auf ebenen Feldern wachsen, weil diese zeitweilig überflutet werden müssen. Man hat die Anbauflächen über die Täler hinaus ausgeweitet, indem man die Hänge terrassierte.

umzugestalten. In China wurden beide Möglichkeiten angewendet. Die Anpassung bestand etwa in der Wahl der Nutzpflanzen an die klimatischen Bedingungen. Die Umgestaltung bestand kleinräumig zum Beispiel in der Terrassierung von Hängen, um dort Reis anzubauen. Nassreis muss in ein überflutetes Feld gepflanzt werden, durch die Terrassierung wurde aus einem schrägen Hang eine Treppe aus ebenen Flächen. Zur Umgestaltung der Natur kann man auch die Bewässerung rechnen, weil hier die klimatische Ungunst der Trockenheit durch die menschliche Aktivität der Wasserzugabe überwunden wird.

In größerem Rahmen wurde die Natur durch die Anlage von Dämmen umgestaltet: Flüsse wurden an der Überflutung der weiten Ebenen gehindert, um das durch Flussablagerungen fruchtbare Land agrarisch zu nutzen. Landesweit versucht die Regierung der Volksrepublik mit hohem technischem und finanziellem Aufwand, die Natur großräumig umzugestalten.

Große Grüne Mauer. Die Große Mauer sollte China vor Überfällen und der Eroberung durch Steppenvölker schützen, die „Große Grüne Mauer" soll China vor Staubstürmen aus der Wüste und vor ihrem Vordringen bewahren. Man begann 1978 und will bis 2050 eine Fläche von 350 000 km² aufforsten, ein Gebiet so groß wie Deutschland. Die „Große Grüne Mauer" soll sich über rund 4 500 km von Xinjiang bis in die Mandschurei erstrecken. Die „Mauer" ist dabei nicht als lineares Element zu verstehen, sondern als ein System von Waldflächen, Baumstreifen und Steppenarealen, auch von Ackerflächen, von vielen Kilometern Breite. Als Baumart wählt man oft Pappeln, weil diese schnell wachsen, daneben Tamarisken, weil diese trockenresistent sind und sich auch auf Sanddünen halten. Zunehmend werden Mischwälder angepflanzt, denn sie sind weniger empfindlich gegen einzelne Schädlinge und widerstandsfähiger gegenüber den jährlich stark schwankenden Niederschlagsmengen.

Auswirkungen: Reduktion der Windgeschwindigkeit, Verringerung der Verdunstung im Windschatten und Erosionsminderung durch Bodendurchwurzelung

Mit hohem Aufwand werden Felder durch Baumreihen aus Pappeln geschützt. Diese Waldschutzstreifen sind sehr wirksam gegen die starken Winde, verbrauchen aber gleichzeitig selbst viel Wasser, was wiederum die Erträge der Landwirtschaft mindert.

Man bezeichnet den „Bau" der Großen Grünen Mauer als das größte ökologische Vorhaben der Menschheitsgeschichte. Über seinen Erfolg gehen die Meinungen auseinander. Unumstritten sind die großen Anstrengungen, die unternommen wurden, um viele Millionen Bäume zu pflanzen. Weil Bäume und sogar schon Büsche die Windgeschwindigkeit vermindern, werden mehrere positive Auswirkungen gleichzeitig erreicht: Die Wüste kann sich nicht ausbreiten, der Boden in unmittelbarer Nähe wird nicht abgetragen; damit werden Felder und Siedlungen in den gefährdeten Gebieten nicht vom Sand zugeschüttet. Und selbst in entfernten Gebieten wie etwa in Peking soll die Zahl der Tage abnehmen, an denen Staubstürme die Gesundheit der Bewohner gefährden. Die regierungstreue Tageszeitung *China Daily* erklärte, das Ackerland im Norden Chinas sei nun geschützt. Es gibt aber auch gegenteilige Auffassungen, die behaupten, das Projekt sei bisher weitgehend gescheitert. Man habe zwar die Ausdehnung der Wüsten verlangsamt, könne sie aber nicht stoppen. Vielfach habe man Bäume in Gebieten gepflanzt, in denen von Natur aus nur Wüstensteppe wächst. Die Bäume entziehen dem Boden viel Wasser, kümmern, wenn sie größer sind, oder gehen ganz ein. Ein großes Problem ist das Verhalten der Menschen. Obwohl sie durch die Sand- und Staubstürme bedroht sind, ändern sie ihr Verhalten zu wenig: Sie verwandeln nach wie vor Grasland in Ackerland oder lassen zu viel Vieh auf den kargen Steppen grasen.

Ein Problem dürfte auch in Zukunft relevant bleiben: Selbst wenn die Große Grüne Mauer tatsächlich geschaffen wird, droht durch die globale Erwärmung eine weitere Ausdehnung der Wüsten. China wäre dann Opfer von Veränderungen der Natur, die zu einem großen Teil von den Industrieländern ausgelöst wurden.

Süd-Nord-Wasserumleitung. Dieses Projekt ist ebenso langfristig angelegt und soll die Lebensbedingungen von mindestens 100 Mio. Menschen verbessern. Ausgangspunkt sind die naturgeographischen Bedingungen. Selbst im humiden Osten, wo fast die gesamte Bevölkerung Chinas lebt, fallen nur im Süden ausreichend Niederschläge, der Norden leidet sehr oft unter Trockenheit. Die Situation hat sich mit der wirtschaftlichen Entwicklung verschärft. Der Ackerbau wurde intensiviert, dadurch wird pro Flächeneinheit mehr Wasser verbraucht. Die Industrie benötigt allein wegen ihres raschen Wachstums auch dann größere Wassermengen, wenn beim einzelnen Betrieb Sparmaßnahmen greifen. Schließlich steigt der Wasserverbrauch mit zunehmendem Wohlstand.

Die chinesische Regierung plant, Wasser aus dem Einzugsgebiet des Jangtsekiang über drei Kanalsysteme nach Norden, vor allem in den Raum Peking, zu leiten. Bei der Ostroute ist das am einfachsten, denn man kann

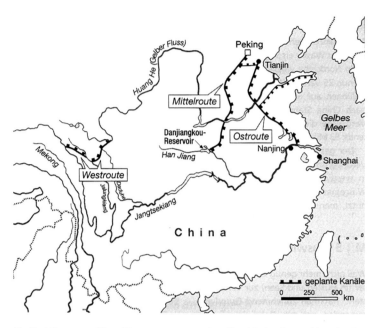

Die Umleitung gewaltiger Wassermengen aus dem Bereich des Jangtsekiang ist das größte Umweltprojekt Chinas und soll die wirtschaftliche und soziale Entwicklung Nordchinas sichern.

weitgehend den seit über 1 400 Jahren bestehenden Großen Kanal (auch Kaiserkanal genannt) nutzen, der vom Mündungsgebiet des Jangtsekiang über rund 1 800 km bis in den Raum Peking führt. Aus dem Jangtsekiang wird das Wasser in den 65 m höheren Dongting-See gepumpt, von wo es dem natürliche Gefälle folgend die Nordchinesische Ebene bis in den Raum Peking-Tianjin quert. Diese Route ist nach chinesischen Veröffentlichungen weitgehend fertig. Die nach Norden geleitete Wassermenge entspricht zwar den Vorstellungen der Planer, aber das Wasser ist durch Industrie- und Haushaltsabwässer oft so verschmutzt, dass es nur bedingt genutzt werden kann.

Die Mittelroute beginnt beim Danjiankou-Stausee, der den Han He, einen Nebenfluss des Jangtsekiang, im Oberlauf staut. Hier will man die Staumauer erhöhen, damit mehr Wasser nach Norden geleitet werden kann. Dafür müssen über 300 000 Menschen umgesiedelt werden. Auf dieser Strecke wird das Wasser nicht nur die Verhältnisse in Peking verbessern, sondern entlang der gesamten Route.

Die Westroute ist über das Planungsstadium noch nicht hinausgekommen, doch soll sie bis 2050 fertiggestellt werden. Hier sind viele Probleme noch nicht gelöst, unter anderem, ob die Ableitung großer Wassermengen das ohnehin schon fragile ökologische Gleichgewicht in der Region nicht stark beeinträchtigen würde. Außerdem ist diese Route am kostspieligsten. So müssten allein über 1 000 km Tunnel gebaut werden. Das Wasser der Westroute soll in den Gelben Fluss (Huang He) geleitet werden und die Verhältnisse in seinem Einzugsbereich verbessern.

3 Geschichte: Die Wirkungen der Vergangenheit auf die Gegenwart

„Unsere Geschichte ist 5000 Jahre alt" – diese Äußerung bekommt man in China häufig zu hören. In ihr drückt sich vor allem die besondere Beziehung der Chinesen zu ihrer Vergangenheit aus: Stolz auf die eigenen Wurzeln und der Wille, aus der Geschichte für die Gegenwart zu lernen. Stolz ist man auf die lange Zeitdauer einer ununterbrochenen historischen Kontinuität, und selbstbewusst blickt man auf die eigene Kultur, die zu den ältesten der Menschheit gehört. Anders als etwa in Deutschland wird Geschichte gezielt herangezogen, um Gegenwärtiges zu bewerten. So werden etwa in der politischen Diskussion weit zurückliegende historische Ereignisse beschrieben, um Verhaltensweisen der Gegenwart zu kritisieren oder beabsichtigte Veränderungen in der Zukunft vorzubereiten. Selbst im Geschäftsleben spielt die Geschichte eine Rolle, wie das Anwenden von Listen beweist, die unter anderem von Sunzi um 500 v. Chr. aufgezeichnet wurden.

Über die chinesische Geschichte existiert eine Fülle von Literatur, in diesem Buch wollen wir Historisches vor allem zur Erklärung der Gegenwart heranziehen. Denn die Geschichte prägt nicht nur die Landschaften mit ihren Siedlungen und wirtschaftlichen Nutzungsformen, sondern auch das Verhalten der Menschen in ihrem Alltag.

Die alte Zeit

Nach chinesischer Auffassung beginnt die Geschichte der chinesischen Nation mit der Regierungszeit eines legendären „Erhabenen" Fuxi um 3 000 v. Chr., als älteste Dynastie gilt die Xia, die angeblich von einem Kaiser Yu 2 200 v. Chr. gegründet wurde. Gesicherter ist die Shang-Dynastie, die vom 16. bis zum 11. Jh. v. Chr. bestand. Sie kannte bereits die Technik der Metallverarbeitung und hatte eine eigene Schrift entwickelt. Bis in die Gegenwart bedeutsam ist die Tatsache, dass bereits zur Shang-Zeit die oberste Instanz nicht ein Gott, sondern unpersönlich der „Himmel" (*tian*) war. Der Herrscher bildete als „Himmelssohn" die Verbindung zwischen den beiden Sphären; eine weitere Institution, etwa eine Kirche, war damit nicht nötig. Der Herrschaftsanspruch umfasst schon damals „alles unter dem Himmel" (*tianxia*), wobei das eigene Herrschaftsgebiet als ein „Reich der Mitte" verstanden wurde, das von unterentwickelten Barbaren umgeben ist – die Auffassung kultureller Überlegenheit gegenüber anderen Völkern bestand also von Anfang an. Vom 11. Jh. v. Chr. bis ins Jahr 256 v. Chr. dauerte die Herrschaft der Zhou-Dynastien, in der es eine Vielzahl oft miteinander im Kampf liegender Territorien gab. Bis heute wirksam sind die „drei Lehren", die in dieser Zeit der politischen Wirren in China entstanden: Konfuzianismus (entstanden um 500 v. Chr.), Taoismus (alte Strömungen vereint im 4. Jh. v. Chr.) und die im 3. Jh. v. Chr. aus Indien nach China gelangte Religion des Buddhismus. Der Konfuzianismus ist ein ethisches Konzept zur Ordnung der Gesellschaft durch Beachtung überkommener Regeln; die unter anderem durch Laotse (Laozi) begründete Religion des Taoismus geht von der Einheit des Gegensätzlichen (*yin* und *yang*) aus; der Buddhismus ist als Erlösungsreligion vor allem beim einfachen Volk sehr verbreitet.

Die erste Dynastie, die nach chinesischer Auffassung ganz China beherrschte, das Reich also einte, ist die Qin. Sie herrschte zwar nur kurz, von 221 bis 206 v. Chr., doch ist die Idee der staatlichen Einheit seitdem bestimmend. Es gibt keinen Vertrag von außenpolitischer Bedeutung, in dem sich die Volksrepublik nicht zusichern lässt, dass es nur ein China gibt. Im Innern werden Bestrebungen nach größerer Unabhängigkeit, etwa der Tibeter und Uiguren, als Separatismus abgelehnt. In den Beziehungen zu Taiwan hat die Regierung der Volksrepublik erklärt, dass eine Unabhän-

Yin und Yang

Das schwarze Zeichen bedeutet Yin, das weiße Yang. Man erkennt, dass nur beide Zeichen zusammen die Einheit bilden. Gegensätze schließen sich nicht wie vielfach in der europäischen Kultur aus – Entweder-oder, Ja oder Nein –, sondern erst beide zusammen ergeben die notwendige Harmonie. Nichts ist ohne sein Gegenteil denkbar, nichts ist so rein, dass es nicht Anteile des „anderen" enthielte. Es erfolgt keine Wertung in Gut und Böse, denn das eine bedingt das andere. Das einfachste Beispiel sind Mann (*yang*) und Frau (*yin*). In China wird fast alles einem der beiden Zeichen zugeordnet. Dabei sind Yin und Yang nicht statisch aufzufassen, sondern sind jeweils in eigenständiger Entwicklung.

Yin und Yang prägen den chinesischen Alltag. Die traditionelle chinesische Medizin stützt sich auf dieses Prinzip. Krankheit wird auf eine Störung des Gleichgewichts von Yin und Yang zurückgeführt, Arzneimittel, häufig eine Mischung aus Kräutern, sollen es wiederherstellen. Beim Essen achtet man darauf, dass nicht ein Element überwiegt, denn das würde sich negativ auf die Gesundheit auswirken. Bei Verhandlungen darf der Gegner nicht völlig besiegt werden, er muss sein Gesicht wahren können – auch die Höflichkeit vereint Yin und Yang.

Schließlich bestimmen Yin und Yang durch das Feng-Shui die Architektur, besonders in Hongkong, und die Anlage der Wohnungseinrichtung.

Während man sich in Hongkong offen zu den alten Traditionen bekennt, werden sie in der Volksrepublik teilweise als Aberglaube bezeichnet, aber in der Praxis recht oft angewendet. Das gilt sehr stark für die traditionelle Medizin, die auch offiziell anerkannt ist.

gigkeitserklärung der Insel, die früher ebenfalls einen Alleinvertretungsanspruch erhob, zu einer bewaffneten Intervention führen wird. Von der Qin-Dynastie ist weit über China hinaus deren „Erster erhabener Kaiser" Qin Shihuangdi bekannt, der auch als Gründer des chinesischen Kaiserreichs bezeichnet wird. Konkret kann man eine Armee aus Tonsoldaten bewundern, die sein Grab beschützen soll. Von der Qin-Dynastie stammt der Name China, der sich im Ausland durchgesetzt hat. Die Chinesen verwenden als Bezeichnung Zhong Guo, „Reich der Mitte" oder „Land der Mitte".

Die „drei Lehren" im Alltag des heutigen China

Lange Zeit hat die Kommunistische Partei alle Ideologien außer der eigenen nicht nur abgelehnt, sondern auch bekämpft. Heute hat man eine Art Frieden geschlossen, der darin besteht, dass die Partei philosophische und religiöse Aktivitäten duldet, solange sie sich nicht in ihrem Herrschaftsanspruch bedroht sieht.

Hat man unter Mao Zedong vor allem während der Kulturrevolution den Konfuzianismus als Symbol einer rückständigen Verkrustung bekämpft, so wird er heute benutzt, um die eigene Herrschaft zu legitimieren. Denn die Idee einer „harmonischen Gesellschaft", von der Parteiführung als Ziel verkündet, könnte von Konfuzius formuliert sein. Es geht weniger um eine Selbstverwirklichung des Einzelnen als um den Vorrang der Gemeinschaft, von der Familie bis zum Gesamtstaat. Dabei bestimmt, wiederum gemäß der hierarchischen Auffassung von Konfuzius, der Machthaber, also heute die Parteiführung, was unter „Harmonie" zu verstehen ist: die Unterordnung unter die Herrschaft der Partei. Auf Konfuzius wird dabei nicht verwiesen, aber das ist bei den geschichtsbewussten Chinesen auch nicht nötig. Auf die Ideen des Konfuzius, der unter anderem eine Leistungsethik und eine Einordnung in die bestehende Gesellschaft forderte, führen viele chinesische wie westliche Wissenschaftler die wirtschaftliche Leistungsbereitschaft und Leistungsfähigkeit Chinas und der durch China beeinflussten ostasiatischen Kulturen Koreas und Japans zurück.

Der Taoismus ist im Alltag weniger verbreitet, da etwa seine Lehre vom „Nicht-Handeln" dem auf Aktivität ausgerichteten gesellschaftlichen Konsens widerspricht. Bis heute wirksam ist die Auffassung, dass es nicht um ein – im Westen vorherrschendes – Entweder-oder geht, sondern um ein die Gegensätze verbindendes Sowohl-als-auch.

Im Volk weit verbreitet ist der Buddhismus, das zeigen zahlreiche Tempel (in denen sich auch viele taoistische Gottheiten finden). Die Parteiführung geht wohl davon aus, dass nicht zuletzt wegen der guten materiellen Versorgung der Priester von den buddhistischen Nonnen und Mönchen keine Gefahr für die bestehende Gesellschaftsordnung ausgeht. Überraschend ist, wie viele Menschen trotz jahrzehntelanger atheistischer Erziehung die Tempel besuchen, beten, Räucherstäbchen anzünden und Orakel befragen.

Von der nachfolgenden Han-Dynastie (221 v. Chr. – 220 n. Chr.) hat die Nationalität der Chinesen ihren Namen erhalten, die ethnischen Chinesen werden als *Han* bezeichnet.

Zahlreiche Dynastien lösten sich im Lauf von über zwei Jahrtausenden ab. Für die heutige Zeit bedeutsam sind die beiden letzten. Die Ming-Dynastie (1368–1644) verlegte nicht nur die Hauptstadt von Nanking (heutige Schreibweise: Nanjing) nach Peking (Beijing), sondern kapselte nach 1430 China möglichst vollständig von der Außenwelt ab. China war bis dahin vor allem technologisch Europa weit überlegen. Doch nun erstarrte China sowohl technisch wie auch gesellschaftlich. Die Qing- oder Mandschu-Dynastie (1644–1911), eine mandschurische Fremdherrschaft, führte China einerseits zur größten territorialen Ausdehnung – unter anderem wurden Taiwan, Tibet und Sinkiang (Xinjiang) endgültig an China angeschlossen –, andererseits konnte sie dem Ansturm der imperialistischen Mächte kaum noch Widerstand entgegensetzen. Einflusszonen sicherten sich vor allem England in Hongkong, Russland in großen Gebieten im Norden, Japan in der Mandschurei und Frankreich im Süden. Zwar kam es kaum zu Kolonien, ausgenommen die britische Kronkolonie Hongkong und die portugiesische Kolonie Macao, aber in den sogenannten Pachtgebieten hatte China nichts zu melden; ein Beispiel war das „Deutsche Schutzgebiet Kiautschou"

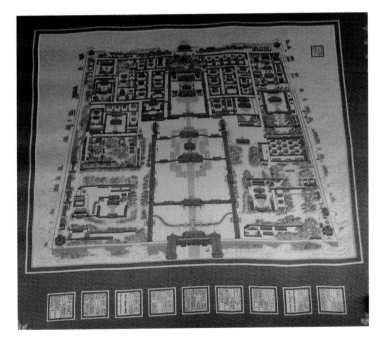

Kaiserpalast auf Tuch.

(1897–1914). Bis heute wirksam sind nur die Gebietsverluste an Russland, die früheren Kolonien, Einflusszonen und Pachtgebiete sind wieder voll unter der Kontrolle der chinesischen Regierung.

Gegen die gesellschaftliche, wirtschaftliche und technische Erstarrung gab es immer wieder Aufstände. 1911 wurde der Kaiser abgesetzt und eine Republik ausgerufen. Der Revolutionär, der sich für einen Neubeginn eingesetzt hatte, hieß Sun Yat-sen, in chinesischer Umschrift: Sun Zhongshan. Er lebte von 1866 bis 1925 und ist auf Taiwan einer der entscheidenden Personen, auf die sich die dortige Regierung der „Republik China" beruft. Aber auch in der Volksrepublik wird er in letzter Zeit zunehmend hervorgehoben. Die von Sun Yatsen gegründete Chinesische Nationalpartei (Guomindang oder Kuomintang) regierte in China bis 1949, musste dann nach Taiwan flüchten und ist dort bis heute bedeutend.

Was ist aus den Jahrtausenden der Kaiserzeit geblieben? Sichtbare Zeugnisse sind die Bauten und rechtwinkligen Grundrisse der Städte und Dörfer,

Chinesische und mandschurische Schriftzeichen im Kaiserpalast, Zeichen der Herrschaft der Qing- (Mandschu)-Dynastie.

die kleinparzellierte Anlage der Felder und die zahlreichen Paläste, Tempel und Pagoden, die bis heute überdauert haben. Sehr stark sind noch heute Einstellungen durch Werte der Vergangenheit geprägt, etwa das kulturelle Überlegenheitsbewusstsein, der ständige Bezug auf die große eigene Geschichte, das konfuzianistische Leistungsethos und die Bedeutung des Yin und Yang.

Der Umbruch: Revolutionen, Kampagnen

Der Sturz des Kaisertums nach 2 200 Jahren brachte keine entscheidende Verbesserung der wirtschaftlichen und politischen Situation. Die nationale Kuomintang-Regierung konnte die großen sozialen Probleme nicht einmal im Ansatz lösen. Das gelang der 1921 in Shanghai gegründeten Kommunistischen Partei Chinas nach fast 30-jährigem Kampf. Die Partei

Im abgelegenen Gebiet um Yanan mussten die Kommunisten die Zeit zwischen 1937 und 1945 verbringen, bevor sie nach dem Ende des Zweiten Weltkriegs in einem Bürgerkrieg China eroberten. Das Bild zeigt die Wohnhöhle Mao Zedongs.

wollte zu Beginn ihre Ideen nicht nur in der Industrie- und Handelsstadt Shanghai verwirklichen, sondern auch im ländlichen China wie in Jiangxi. Als die Armee der Nationalregierung versuchte, die Kommunisten in sogenannten Ausrottungsfeldzügen zu vernichten, mussten diese in einem „Langen Marsch" (1934–1935) in das unwegsame, abgelegene Gebiet um Yanan in der Provinz Shaanxi ausweichen. Der „Lange Marsch" wird noch heute als Beispiel genannt, unbeugsam unter größten Schwierigkeiten sein Ziel zu erreichen. Die Raketen, mit denen China Satelliten in den Weltraum transportiert, heißen „Langer Marsch" (*Chang Zheng*, abgekürzt *CZ*). 2003 wurde Yang Liwei, der erste chinesische Taikonaut, mit einer solchen Rakete in den Weltraum geschickt und wieder zurückgeholt: Der „Lange Marsch" wurde damit zum Symbol für den Aufstieg Chinas zur technologischen Weltspitze.

Nach dem Ende des Zweiten Weltkriegs konnten die Kommunisten in einem Bürgerkrieg die „Nationalregierung" vom Festland vertreiben, sie hielt sich nur durch amerikanische Unterstützung auf Taiwan. Am 1. Oktober 1949 rief Mao Zedong (1893–1976) die Volksrepublik China aus. Bis heute besteht dieser Staat, er ist zur wirtschaftlichen Weltmacht aufgestiegen.

Die Geschichte der Volksrepublik China ist eine Abfolge unterschiedlicher, oft gegensätzlicher Kampagnen. Die im Folgenden dargestellten Entwicklungen wirken sich bis in die Gegenwart aus.

Großer Sprung nach vorn

Als die Kommunisten die Macht gesichert hatten, sollten die Wirtschaft und damit die Gesellschaft nach ihren Wertvorstellungen umgeformt werden. Auf der Grundlage des Marxismus-Leninismus und der ideologischen Vorstellungen Mao Zedongs geschah dies unter dem Schlagwort der „Drei Roten Banner". Einer der „Banner" war der sogenannte Große Sprung nach vorn (1958–1961). Er hatte zwei Ziele: die Einebnung des Unterschieds zwischen Stadt und Land und eine rasche Industrialisierung. In den Städten waren Industrie und Handel bereits bis 1956 in Staats- oder Kollektiveigentum überführt worden, auf dem Land wurden 1958 die Volkskommunen eingeführt. Die Kollektivierung der Landwirtschaft war nur eine historische Episode, denn nach 1980 wurde sie wieder rückgängig gemacht. Auch die Industrialisierung des ländlichen Raumes scheiterte unter großen Verlusten. Als Auswirkung des „Großen Sprungs" bis heute bleiben zahlreiche Bauten der Infrastruktur wie Staudämme, Aquädukte, Bewässerungskanäle, die Anlage neuer Felder durch die Terrassierung von

Hängen sowie die Errichtung von Krankenhäusern und Schulen auf dem Land und der Bau von Straßen, welche zumindest die Hauptorte miteinander verbanden.

Große Proletarische Kulturrevolution

Nach einer kurzen Erholungspause startete Mao eine neue Kampagne, in der die Gesellschaft radikal umgebaut werden sollte, die „Große Proletarische Kulturrevolution". Ziel war eine egalitäre Gesellschaft, in der der Lebensstandard niedrig, doch in positiver Entwicklung war. „Arm, aber nicht elend" war ein Schlagwort. Radikal wurde sie 1966 bis 1969 durchgeführt, die offizielle Geschichtsschreibung lässt sie von 1966 bis 1976, dem Todesjahr Maos, dauern. Die hohen Verluste an Menschenleben sind heute überwunden. Bis in die Gegenwart wirksam ist, dass zahllose Kulturdenkmäler besonders im ländlichen Raum zerstört wurden, auch wenn Reisende dies meist nicht bemerken.

Die Wirtschaftsreform

1978 wurde von der Kommunistischen Partei, nun unter dem Einfluss Deng Xiaopings, ein radikaler Wandel beschlossen. Was früher als „rot" galt und politisch unbedingt umzusetzen war, entfiel; was früher als Verbrechen bezeichnet wurde, war nun Vorbild, etwa das private Gewinnstreben. Was blieb, war die Führungsrolle der Kommunistischen Partei. Zwei Faktoren waren entscheidend für eine Entwicklung, in deren Folge China rasch vom bettelarmen Entwicklungsland zur wirtschaftlichen Globalmacht aufstieg: die Einführung der privat ausgerichteten Marktwirtschaft und vor allem die wirtschaftliche Öffnung zum Ausland.

Stagnation und Liberalisierung

Mit der Wirtschaftsreform öffnete sich China der Welt. Dadurch kamen mit Kapital, Technologie und Managementmethoden auch westliche Ideen ins Land. Die chinesische Führung reagierte darauf unterschiedlich. Während man sich politischen Ideen gegenüber weitgehend verschloss und bis heute verschließen möchte, ist man in anderen Bereichen sehr offen.

Westliche Ideen von Rechten des Individuums gegenüber dem Staat, Menschenrechte und die westlichen Vorstellungen eines Mehrparteiensystems mit einem Machtwechsel durch Wahlen werden vielfach als „geistige Umweltverschmutzung" gebrandmarkt. Die chinesische Führung reagiert ungehalten auf Vorwürfe, sie verletze die Menschenrechte. Sie verweist darauf, dass es auch im Ausland, etwa den USA, zu Menschenrechtsverletzungen kommt. Und man beharrt darauf, dass Menschenrechte kulturell unterschiedlich seien – China habe eben eine andere Auffassung. Gleichzeitig wird immer wieder betont, dass sich die Situation gegenüber früher wesentlich verbessert habe, was auch stimmt. Auch die Regierung hat erkannt, dass Menschenrechte universal sind.

Ein politisches Ereignis prägt unausgesprochen die politische Entwicklung: die Unterdrückung der Freiheitsbewegung im Jahr 1989. Im Zuge von Perestroika („Wandel") und Glasnost („Offenheit") in der Sowjetunion kam es auch in China zu Protesten, die ursprünglich von Studenten ausgingen. Sie richteten sich anfangs nicht gegen die Kommunistische Partei, nur gegen die Korruption ihrer Funktionäre. Parteichef Zhao Ziyang nannte die Forderungen berechtigt. Später kamen Forderungen nach größerer Unabhängigkeit von der Kommunistischen Partei hinzu, etwa nach unabhängigen Gewerkschaften. Denn inzwischen hatten sich auch zahlreiche Belegschaften den Forderungen angeschlossen, Arbeiter unterstützten die Studenten durch Delegationen und eigene Demonstrationen. Am 4. Juni 1989 ließ die Regierung – inzwischen hatte Deng Xiaoping die Führung übernommen – den Platz des Himmlischen Friedens (Tiananmen) durch die Armee gewaltsam räumen. Während man im Westen vom „Tiananmen-Massaker" spricht, lautet die offizielle Formulierung „Zwischenfall"; man vermeidet allerdings, darüber zu sprechen. Wie viele Tote es dabei gab, ist umstritten. Die Partei verweigert jegliche Diskussion oder gar Untersuchung. Noch heute genügt die Erwähnung von *liu si* („sechs vier", nach der chinesischen Schreibweise des Datums), um Gespräche verstummen zu lassen. Die Forderung nach politischen Reformen wird heute nicht in der Öffentlichkeit ausgetragen, sondern im Internet diskutiert – trotz aller Versuche der staatlichen Zensur durch einen gewaltigen Apparat.

Nach außen hin ist die Gesellschaft unpolitisch, man denkt vorwiegend materialistisch, strebt nach Wohlstand und sozialem Aufstieg. Die marxistisch-leninistische Doktrin und die Ideen Mao Zedongs werden wie die Vorstellungen seiner Nachfolger Deng Xiaoping, Jiang Zemin, Hu Yaobang und anderen zwar gelehrt, sind aber im Alltag ohne Bedeutung. So versucht die Regierung, den Nationalismus als gesellschaftliches Bindemittel zu (re-) aktivieren.

In der Unterhaltungsindustrie und in weiten Bereichen der Kunst gibt es kaum Beschränkungen. Hier findet China zunehmend Anschluss an die Welt.

Die Gegenwart: Sozioökonomische Dynamik

China ist zu Beginn des 21. Jahrhunderts eine Gesellschaft in einem dynamischen Wandel. In nur drei Jahrzehnten erfolgte eine rasche Urbanisierung, im Jahr 2010 lebte bereits die Hälfte der chinesischen Bevölkerung in Städten. 200 Millionen sind als Wanderarbeiter zumindest zeitweilig in die Städte geströmt – die größte Wanderungsbewegung der menschlichen Geschichte. Das Fernsehen mit der Darstellung städtischer Lebensweisen erreicht den letzten Winkel des Landes und beschleunigt den Wertewandel. Andererseits besinnt man sich wieder auf die alten Bräuche und begeht beispielsweise äußerst aufwändige Hochzeiten und kostspielige Beerdigungen. Die soziale Situation hat sich für den größten Teil der chinesischen Bevölkerung erheblich verbessert. Farbfernseher und DVD-Spieler sind in fast jedem Haushalt vorhanden, mindestens ein Mobiltelefon hat in der Stadt jeder, auf dem Land schon fast jeder. Auch die Wohnsituation ist in der Stadt wie auf dem Land deutlich besser geworden. Man kann sich etwas leisten und leistet sich viel – was wiederum die Konjunktur fördert.

Gleichzeitig vertiefen sich die sozialen Gegensätze in einem sogar global hohen Maß. Denn während der Wohlstand zwar allgemein wächst, gibt es heute nicht wenige superreiche Chinesen. Die Kommunistische Partei sichert ihre Herrschaft nicht mehr durch die marxistische Ideologie, sondern, wie Parteien im Kapitalismus, durch Wirtschaftswachstum. Zur Stabilisierung soll auch beitragen, dass man die rasch wachsende, meist (noch) unpolitische aufstrebende Mittelschicht in die Partei aufnimmt und dadurch auch diszipliniert. Gefahr droht der politischen Stabilität durch die weitverbreitete Korruption und den Machtmissbrauch der Parteikader. Die Parteiführung ist hier trotz aller Kampagnen überraschend machtlos. Den Mangel an Werten versucht man durch eine Betonung des Nationalen aufzufangen: Wer die Partei kritisiert, wird als unpatriotisch beschimpft.

Dennoch herrscht in China gegenüber früher eine große Freiheit. Musik, Malerei und Plastik entwickeln sich in der Auseinandersetzung mit der weltweiten Kunst, Künstler haben die Beschränkung auf die chinesische Tradition abgelegt. Die Presse kann immer wieder über einzelne Vergehen berichten, sogar über lokale Unruhen – jährlich weit über 50 000 – erscheinen Meldungen. Doch die Repression schlägt zu, sobald die Partei sich in ihrer Omnipotenz auch nur im Ansatz angegriffen fühlt. Die Regierung hat letztlich Angst vor dem Verlangen nach Mitgestaltung durch die Bevölkerung. Nur so lässt sich erklären, dass der Träger des Literaturnobelpreises 2010, Liu Xiaobo, ebenso wie einer der bekanntesten Künstler, Ai Weiwei, verhaftet wurden, nachdem sie die Alleinherrschaft der Kommunistischen Partei kritisiert hatten.

Die Säulen der Herrschaft

Die Flagge der Volksrepublik China (*Hong Qi*: „Rote Fahne") hat als Grundfarbe Rot. In China ist rot die Glücksfarbe (das traditionelle Brautkleid ist rot), außerdem ist es die Farbe des Kommunismus. Der große Stern symbolisiert die Kommunistische Partei, ihren Führungsanspruch, unabhängig von allen Veränderungen. Die vier kleinen Sterne stehen für die vier Klassen, aus denen nach Mao das chinesische Volk besteht: Arbeiter, Bauern, Kleinbürger und „patriotische Unternehmer". Obwohl man heute nicht mehr von diesen Klassen spricht, hat man die Staatsflagge so belassen.

Die Flagge der Kommunistischen Partei Chinas (KPCh) entspricht fast derjenigen der früheren Sowjetunion. Hammer und Sichel stehen für die Klassen der Arbeiter und Bauern. Obwohl die KPCh mit derzeit etwa 80 Millionen Mitgliedern die größte Partei der Welt ist, versteht sie sich als Kaderpartei, nicht als Volkspartei. Sie hat sich zwar für alle Schichten geöffnet, sogar Unternehmer, also Kapitalisten, können nun Mitglied werden. Doch man kann ihr nicht einfach beitreten. Ein Bewerber um die Mitgliedschaft muss sich einem Auswahl-

verfahren und einer Prüfung unterziehen. Erst wenn er diese besteht, wird er in die Partei aufgenommen. Die Zusammensetzung der Mitglieder hat sich seit der Wirtschaftsreform geändert: Nicht mehr Arbeiter und Bauern bilden die Mehrheit, sondern die neue, gut ausgebildete Mittelschicht. Die Kommunistische Partei Chinas ist als Herrschaftsfaktor die einzige Konstante in der Geschichte der Volksrepublik. Sie hat ihre Politik mehrfach radikal geändert – nie aber ihren Machtanspruch. Sie ist in allen Bereichen vertreten, parallel zu den Institutionen gibt es jeweils eine Parteiinstitution. Das gilt für die Staatsspitze – dem Ministerpräsidenten entspricht der Parteivorsitzende, der Regierung das Politbüro – genauso wie für das Parlament – dem Volkskongress entspricht der Parteitag. Parteifunktionäre gibt es in allen Behörden, Universitäten, Betrieben, Wohnvierteln usw.

Wirksam wird die Partei durch ihre Funktionäre, die sogenannten Kader (*gunbo*). Sie setzen die Entscheidungen der Parteiführung auf ihrer jeweiligen Handlungsebene um. Die Kader sind sehr umstritten, stark negative wie positive Auswirkungen ihres Handelns werden in China selbst wie im Ausland diskutiert. Die Kritik überwiegt dabei. Hauptvorwurf ist die Korruption.

Selbst die Parteiführung beklagt sie, sieht darin sogar eine Gefahr für die politische Stabilität. In Gesprächen in China wird immer wieder auf ungerechtfertigte Abgaben und Gelderunterschlagungen hingewiesen. Auf vielen Gebieten entstehen Verluste, die durchaus volkswirtschaftlich relevant sind. So wurde 2008 mitgeteilt, dass den Banken 118 Milliarden US-Dollar „abhanden gekommen" sind. Die folgende Entwicklung ereignet sich in vielen Teilen Chinas. Die Obrigkeit enteignet Flächen gegen eine geringe Entschädigung für ein Entwicklungsprojekt. Kurze Zeit später kauft ein Verwandter der Kader das Gelände günstig auf, um es mit hohem Gewinn einem Unternehmen zur Verfügung zu stellen. Dort steigt er ein, erhält ein beträchtliches Gehalt, weil er dem Unternehmen durch seine engen Beziehungen zur Partei nutzt. Bereits 2006 wurde im staatlich kontrollierten Shanghaier Börsenblatt die Untersuchung eines chinesischen Sozialwissenschaftlers veröffentlicht, der nachwies, dass über 90 Prozent der Millionäre in der Volksrepublik Söhne und Töchter von Kadern sind.

Andererseits wären der wirtschaftliche Aufstieg und damit die sozialen Verbesserungen für hunderte Millionen Chinesen ohne die Kader nicht möglich gewesen. Da die Kader vielfach nach der wirtschaftlichen Situation ihres Gebietes beurteilt wurden, haben sie sich sehr für den Aufbau von Industriebetrieben und des tertiären Sektors, für den Ausbau der Infrastruktur und die Verbesserung des Schulwesens und der medizinischen Versorgung eingesetzt.

Die Flagge der Armee trägt ebenfalls einen großen gelben Stern und die chinesischen Zeichen für die Ziffern acht und eins, Hinweis auf die Gründung der Armee durch die Kommunistische Partei am 1. August (1927). Damit wird auch klargestellt, dass die Armee nach wie vor der Partei untersteht. Schon Mao Zedong sagte: „Die Macht kommt aus dem Lauf der Gewehre."

In vielen Büros stehen auf dem Schreibtisch die Flaggen von Staat und Partei und verdeutlichen die Allgegenwart der Partei, vertreten durch ihre Funktionäre („Kader").

4 Bevölkerung

Ohne die rigide Bevölkerungspolitik der Regierung lebten in China nach offiziellen Berechnungen allein bis 2010 400 Mio. mehr Menschen. Nach Meinung nicht nur chinesischer Politiker, Wissenschaftler und vieler Bürger ist die durch die staatlichen Maßnahmen bewirkte Bevölkerungsentwicklung einer der Gründe für den wirtschaftlichen und damit auch den sozialen und politischen Aufstieg Chinas. In der westlichen Welt sind die rigorosen Staatseingriffe in eine doch sehr private Entscheidung umstritten. Ein Argument lautet, dass wachsender Wohlstand und zunehmende Bildung auch ohne Zwangsmaßnahmen die Geburtenzahlen sinken lässt. Dafür lassen sich viele Beispiele anführen. Im Folgenden wird die chinesische Sicht dargelegt, werden die direkten und indirekten Eingriffe aufgezeigt und verdeutlicht, dass die Politik immer wieder auf die wechselnden Tendenzen reagiert und dabei zu unterschiedlichen Strategien kommt.

Überblick über die Bevölkerungspolitik

Im traditionellen China galt eine große Bevölkerung als erstrebenswert, tatsächlich wuchs sie nur langsam, denn Überschwemmungen, Hungersnöte und Kriege führten zu hohen Verlusten. Die positive Bewertung einer wachsenden Bevölkerung wurde auch nach der Gründung der Volksrepublik 1949 fortgesetzt. Mao Zedong argumentierte, dass der Produktionszuwachs durch einen Menschen höher sei als der Ressourcenverbrauch durch ihn: Er setzte auch auf die produktivitätssteigernde Wirkung revolutionärer Kampagnen. Nach einer Hungerkatastrophe erfolgte 1962 mit einer Propagierung der Zwei-Kinder-Ehe ein vorsichtiger Eingriff in die Familienplanung. Seit 1979 wird die „Ein-Kind-Politik" durchgeführt. Nach ihr darf jedes Ehepaar nur ein Kind haben. Es gibt zahlreiche Ausnahmen, die bekannteste: Wenn auf dem Land das erste Kind ein Mädchen ist, wird ein zweites Kind erlaubt. Damit wird der traditionellen Geringschätzung der Frauen Rechnung getragen.

Ein weiterer Faktor der Bevölkerungspolitik war die Steuerung der Mobilität. Konnten in den 1950er-Jahren viele Menschen vom Land in die Stadt ziehen, weil die Industrialisierung zusätzliche Arbeitskräfte benötigte, so kam es später im Verlauf politischer Kampagnen (zwischen 1962 und 1979) zu einer Umsiedlung von der Stadt auf das Land. Bis zur Wirtschaftsreform um 1980 durften die Bewohner des ländlichen Raums nicht in die Städte ziehen, erst danach erfolgte eine Freigabe der Mobilität.

Kinderreichtum führt zur Armut. Mit dieser Zeichnung in einem chinesischen Schulbuch wird die Bevölkerungspolitik unterstützt.

Wir sind so viele – aber doch zu wenige?

„Wir sind so viele", diesen Satz hört man in China immer wieder. Die Chinesen sind sich der Bevölkerungsproblematik wohl bewusst. Zwar wird kaum mehr die Aussage eines chinesischen Soziologen zitiert, eindrucksvolle wirtschaftliche Zuwachsraten würden von dem riesigen Bevölkerungszuwachs „praktisch weggefressen", denn die Leistungssteigerung der Landwirtschaft hat in Verbindung mit einer besseren Lagerhaltung und Verteilung dazu geführt, dass Hungerkatastrophen nicht mehr eintreten. Aber die Chinesen wissen, dass die Kinder nicht nur etwas zu Essen brauchen, sondern auch Kindergärten, Schulen und vor allem später einen Arbeitsplatz. Sie wissen, dass es trotz des rasanten Wirtschaftswachstums immer schwieriger wird, jedes Jahr mehrere Millionen neue Arbeitsplätze zu schaffen, besonders hochwertige. Sie wissen, dass die Bevölkerungsmassen in die Ballungsräume drängen und dort nicht nur die Umweltbelastung erhöhen, sondern auch ständig wachsende Ausgaben für die Infrastruktur erfordern.

Die Menschen erfahren auch die Erfolge der Bevölkerungspolitik: Löhne steigen, weil nicht mehr so viele um einen Arbeitsplatz kämpfen; die Familien können sich mehr leisten, weil nur noch ein Kind versorgt werden muss.

Aber seit einigen Jahren bestimmt ein neues Thema die Diskussion: Einer in Zukunft geringeren Zahl von Erwerbstätigen wird eine ständig wachsende Zahl von Alten gegenüberstehen, die von den Jungen mit versorgt werden müssen. Schon beginnen einzelne Städte wie Shanghai die Restriktionen der Bevölkerungsplanung zu lockern und regen zu einem zweiten Kind an.

Maßnahmen des Staates zur Durchsetzung der Bevölkerungspolitik

Der Bevölkerungswissenschaftler Thomas Scharping urteilt: „Die Ein-Kind-Politik ruht mehr auf harten Sanktionen als auf schwer finanzierbaren Anreizen. Sie ist seit den früher 90er Jahren durch einen Ausbau des Kontrollapparates, durch engmaschige Rechtsbestimmungen und drastische Straferhöhungen, persönliche und kollektive Haftung verschärft worden." Aus Gesprächen mit Stadtbewohnern ergibt sich, dass auch indirekte Maßnahmen erfolgreich sind. Das Kind verursacht hohe Kosten. Offiziell ist zum Beispiel die Schule kostenlos, doch müssen Schulbücher ebenso bezahlt werden wie die obligatorischen Schuluniformen; hinzu kommen zahlreiche Zusatzabgaben. Wenn das Kind noch Musik- oder Sportunterricht erhält oder gar Nachhilfe braucht, arbeitet ein Elternteil, um die Ausbildung zu finanzieren – ein zweites Kind würde die Familie ruinieren.

Die Bevölkerungsentwicklung

Die staatliche Bevölkerungspolitik ist ein wesentlicher Faktor der Bevölkerungsentwicklung, doch kommen weitere hinzu. In den ersten Jahren nach der Gründung der Volksrepublik wuchs die Bevölkerung rasch: Der Bürgerkrieg war vorbei, es gab politische Stabilität, und die Menschen blickten hoffnungsvoll in die Zukunft. Entscheidend war auch, dass ein Gesundheitssystem aufgebaut wurde und dadurch die Lebenserwartung stieg. Zwischen 1958 und 1962 sank die Bevölkerungszahl stark ab, Folge einer der größten Hungerkatastrophen der menschlichen Geschichte. Umstritten sind sowohl die Ursachen als auch die Auswirkungen. Als Auslöser gelten Naturkatastrophen (die nicht genau benannt werden) und vor allem der Einbruch der Nahrungsmittelproduktion durch Maos „Großen Sprung nach vorn“: Bauern widersetzten sich der Kollektivierung ihres Besitzes, mussten ihre Arbeitskraft für den Aufbau einer Industrie einsetzen und Großprojekte der Infrastruktur durchführen. Dadurch wurden sie von der Arbeit in der Landwirtschaft abgehalten. Die Zahl der Opfer wird sehr unterschiedlich angegeben, sie variiert zwischen 20 und 45 Millionen. Anfang der 1960er-Jahre stieg die Geburtenzahl wieder rasch an, sodass der Rückschlag nicht nur ausgeglichen wurde, sondern die Bevölkerung weiter wuchs. Trotz der Bevölkerungspolitik stieg die Geburtenrate in den 1990er-Jahren, danach sank sie drastisch. Das spricht dafür, dass sowohl der wachsende Wohlstand als auch die zunehmende Bildung besonders der städtischen Bevölkerung zur Abnahme der Geburten führte.

Die genauen Bevölkerungszahlen sind unsicher, die Angaben der Statistiken schwanken. Die in der Tabelle angegebenen Werte sind geringfügig höher als die offiziellen chinesischen Daten, denn es wird zugegeben, dass viele sich einer Erfassung entziehen.

Unterschiedliche Geburtenraten in Stadt und Land

Die Geburtenraten sind auf dem Land höher als in der Stadt. Auf dem Land herrschen noch sehr stark traditionelle Vorstellungen, unter anderem die, dass nur ein Sohn den Besitz erbt und nur seine Arbeitskraft der eigenen Familie zugute kommt, während ein Mädchen ab der Heirat einer anderen Familie zugehört. „Ein Mädchen aufziehen, heißt fremde Gärten bewässern“, lautet ein Sprichwort. Wird ein Mädchen geboren, wird daher versucht, dennoch zu einem Sohn zu kommen. Eine der entscheidenden Faktoren für die Geburtenzahl liegt im Unterschied zwischen der Agrar- und der Industriegesellschaft. In der Agrargesellschaft, die in China auf dem Dorf noch vielfach vorherrscht – zumindest in den Wertvorstellungen der Bewohner –,

Bevölkerungsentwicklung 1950–2010 (Zahlen gerundet)

Jahr	Bevölkerung (Mio.)	Geburtenrate (%)	Sterberate (%)	Lebenserwartung bei der Geburt (Jahre)
1950	565	4,2	3,5	34
1960	650	2,6	4,4	45
1970	820	3,7	0,9	61
1980	990	1,8	0,6	68
1990	1160	2,1	0,6	69
2000	1270	1,5	0,7	70
2010	1350	1,2	0,7	74

Quellen: Scharping 2006, S. 28; China Statistical Yearbook 2006; Fischer Weltalmanach 2003, 2011; für 2010 eigene Berechnung.

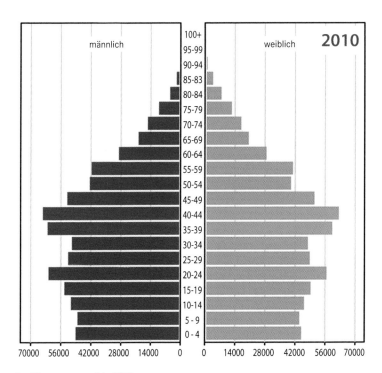

Bevölkerungspyramide 2010.

ist ein Kind schon ein Produktionsfaktor. Es kann bereits in jungen Jahren beim Hüten der Tiere, später beim Ackerbau und beim Verkauf der Produkte helfen. Damit bedeuten mehrere Kinder eine Verstärkung der vorhandenen Arbeitskapazität. In der Industriegesellschaft kann ein Kind nicht mitarbeiten, es wird zum Kostenfaktor. Da zudem in der Stadt die Wertvorstellung vorherrscht, dem Kind durch eine gute und damit teure Ausbildung ein besseres Leben zu ermöglichen, erfolgt die Beschränkung auf ein Kind schon aus Kostengründen. Zudem sind in der Stadt die Wertvorstellungen von der Höherwertigkeit eines Sohnes bereits viel geringer.

Weitere Auswirkungen der Bevölkerungsentwicklung

Sozialverhalten. Das einzige Kind wird nicht nur von den Eltern, sondern auch von den Großeltern verwöhnt. Man spricht von den „kleinen Kaisern" (vgl. Seite 15). Die chinesische Presse kritisiert das Verhalten, seit der Ein-Kind-Familie wachse eine Generation von Egoisten heran. Die Konzentration auf das einzige Kind hat aber auch negative Folgen für das Kind selbst:

Ein Sohn! - der Stolz nicht nur der Mutter. Das Kind wird von ihr und den Großeltern als Einzelkind verwöhnt werden. Die soziale Erziehung beginnt bereits im Kindergarten.

Verwöhnen, aber auch fordern

Chinesische Zeitungen bringen immer wieder Berichte, welche die Verwöhnung der Einzelkinder kritisieren. Kinder sind nicht nur sehr gut genährt und gut gekleidet, zu Hause sind Computerspiele die Regel, in der Stadt gehört ein Handy einfach dazu. Eltern nehmen den selbstbewussten Kindern vielfach Arbeiten ab, tragen etwa schwere Lasten. Gleichzeitig aber wachsen die Anforderungen an das Kind. „Es soll es einmal besser haben als wir", sagen die Eltern. Sie opfern dafür viel, weil Bildung teuer ist, sie erwarten aber auch, dass das Kind erfolgreich ist.

Auf dem Land führt diese Einstellung dazu, dass sehr viele junge Menschen das Dorf verlassen und in die Stadt abwandern, weil man dort mehr Geld verdienen kann und weil dort wesentlich bessere Aufstiegsmöglichkeiten bestehen. In der Stadt unternehmen etwa Akademiker sehr viel, um ihrem Kind eine gute Startposition zu sichern. Dabei berücksichtigen sie, dass die Bildungseinrichtungen nicht gleichwertig sind. Es gibt zum Beispiel sehr viele Universitäten, aber nur wenige, die als so gut gelten, dass die Ausbildung bei ihnen zu gut bezahlten Positionen führt. An die Eliteuniversitäten kommt man, wenn man bei der staatlichen nationalen Aufnahmeprüfung sehr gut abschneidet. Nach Meinung vieler Eltern ist das nur möglich, wenn man schon die „richtige" Schule besucht und dort alle Prüfungen gut besteht. Dies geschieht, indem man zusätzlich zum Unterricht noch Kurse besucht. Aber selbst in diese Schulen zu kommen, ist nicht einfach, zu viele Eltern wollen ihr Kind dort einschreiben. Daher ist es wichtig, schon den „richtigen" Kindergarten zu besuchen, der durch einen umfassenden Unterricht auf die Schule vorbereitet. Aber gerade in den Großstädten wie Peking, Shanghai oder Kanton ist selbst das nicht leicht, deswegen lassen ehrgeizige Eltern das Kind schon vorher unterrichten, etwa erste Schriftzeichen lernen.

Und weil bei diesem rigorosen Auswahlsystem natürlich nur wenige zum Zug kommen, ist der Druck auf das einzelne Kind trotz aller Verwöhnung sehr groß.

Die Eltern projizieren alle ihre Erwartungen auf den Sohn oder die Tochter; die Schule soll möglichst gut bestanden werden, damit ein wirtschaftlicher und gesellschaftlicher Aufstieg auch die Eltern absichert. Viele Kinder sind dem Leistungsterror nicht gewachsen und leiden unter Verhaltensstörungen oder psychischen Krankheiten.

Geschlechterproportion. Wenn nur ein Kind erlaubt ist, ein Sohn von Eltern, Verwandten und Nachbarn erwartet wird, dann hilft man der Natur auch etwas nach. Die Folgen sind statistisch signifikant. Häufig wird abgetrieben, wenn die pränatale Diagnose ein Mädchen vorhersagt, Mädchen werden kurz nach der Geburt vernachlässigt und sterben. Nach einer Analyse der Chinesischen Akademie für Sozialwissenschaften kamen 1982 auf 108 männliche Geburten 100 weibliche, 2010 betrug das Verhältnis für ganz China 117 zu 100, in einigen Regionen sogar 130 zu 100. Daraus folgt, dass bereits 2020 über 40 Millionen Männer keine Frau finden werden. Schon jetzt werden besonders in ländlichen Gebieten, wo der Männerüberschuss wegen der starken traditionellen Bindung am größten ist, immer wieder Mädchen entführt und verkauft.

Kriminalität. In China werden vielfach Kinder entführt, genaue Zahlen sind unbekannt, es soll sich aber jährlich um Tausende von Fällen handeln. Zum einen werden kleine Jungen gekidnappt, damit Ehepaare zum erwünschten Sohn kommen. Oft werden auch Mädchen entführt, hier sind auch ältere betroffen. Das geschieht teilweise durch Banden, die dann die Mädchen an Heiratswillige verkaufen, die sonst zu keiner Frau gekommen wären.

Überall in China werben Plakate für die Ein-Kind-Familie. Dabei ist das Kind stets ein Mädchen. Damit soll der Argumentation vorgebeugt werden, dass nur der Sohn als Nachwuchs zählt. Dieses Bild stammt aus einem Schulbuch – die Propaganda für die Bevölkerungspolitik setzt früh ein.

Alterung **der Bevölkerung.** Wenn einerseits weniger Kinder geboren werden und andererseits die Lebenserwartung steigt, kommt es zu einer Veränderung der Altersrelation. Die Bevölkerungspyramide ist keine Pyramide mehr, bei der sich ein breiter Sockel aus jungen Menschen rasch verengt, weil es wenige alte Menschen gibt: Heute hat sie die Form einer Glocke. Wenn diese Entwicklung anhält, werden in China den prozentual wenigen Kindern immer mehr Alte gegenüberstehen. Auch in den Industriestaaten wie in Deutschland kommt es zu einer starken Zunahme der nicht mehr erwerbstätigen Älteren. Aber diese Gesellschaften hatten Zeit, ein Rentensystem aufzubauen, die Menschen hatten Geld, während ihrer beruflichen Tätigkeit in eine Altersversorgung einzuzahlen. All das ist in China erst im Aufbau. Daher ist die Alterung der Gesellschaft ein vieldiskutiertes Thema. Bis 2015 steigt die Zahl der Rentner auf über 200 Mio., und man hat errechnet, dass 2050 rund 430 Mio. Chinesen über 65 Jahre alt sein werden – mehr als ein Drittel der für diesen Zeitraum prognostizierten Bevölkerung.

Räumliche Bevölkerungsverteilung

Chinas Bevölkerung ist im Land äußerst ungleich verteilt. Das liegt zum großen Teil an den naturgeographischen Bedingungen: Der Westteil des Landes ist zu gebirgig oder zu trocken, um großflächig Landwirtschaft zu ermöglichen, auch durch die Industrialisierung kam es nur kleinräumig zu größeren Veränderungen. Chinesische Darstellungen teilen China entlang einer Linie, die vom Südwesten (dem Ort Tengchong an der Grenze zu Burma/Myanmar) nach Nordosten (dem Ort Heihe an der Grenze zu Russland) führt, die Flächen sind annähernd gleich groß. Völlig unterschiedlich ist allerdings die Bevölkerungsverteilung. Im Osten Chinas drängen sich auf 43 % der Fläche nicht weniger als 95 % der Bevölkerung, während im Westen demnach auf 57 % der Fläche nur 5 % der Bevölkerung leben.

Auch bei einer kleinräumigeren Gliederung bleibt eine ungleiche Bevölkerungsverteilung für China kennzeichnend. So verdeckt der statistische Wert der Bevölkerungsdichte selbst auf Provinzebene die großen Unterschiede. In Sichuan lebt der größte Teil der Bevölkerung auf lediglich der Hälfte der Provinzfläche, besonders in Südchina stehen dicht besiedelte Talregionen kaum bewohnten Bergregionen gegenüber. Im dünn besiedelten Westen Chinas lebt die Bevölkerung in wenigen Flussregionen und Oasen, während weite Teile nur durch Nomaden genutzt oder völlig siedlungsleer sind.

Geht man von konkreten Räumen aus, konzentriert sich die Bevölkerung Chinas vor allem in den Küstengebieten. Ein etwa 200 km brei-

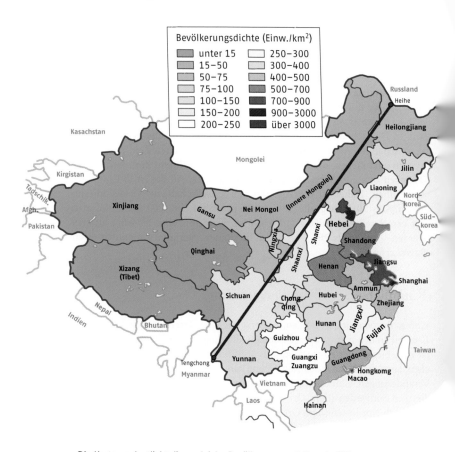

Die Karte verdeutlicht die ungleiche Bevölkerungsverteilung in China.

ter Streifen entlang der Küste nimmt ein Zehntel der Staatsfläche ein, hier lebt aber gut ein Drittel der Bevölkerung. In einem 500 km breiten Streifen, der rund ein Viertel der Fläche einnimmt, leben über 60 % der Bevölkerung; in Gebieten, die mehr als 1 000 km vom Meer entfernt sind, lebt auf über der Hälfte der Fläche Chinas nicht einmal ein Zehntel der Bevölkerung.

Im 20. Jahrhundert hat sich die Bevölkerungsverteilung im nationalen Maßstab nur unwesentlich verändert, so gravierend etwa der Zuzug von

Regionale Bevölkerungsverteilung (Zahlen gerundet)

	Fläche (km²)	Einwohner (2010) (Mio.)
Provinz		
Anhui	139 000	62
Fujian	121 000	36
Gansu	454 000	26
Guangdong	178 000	80 + 30 Wanderbev.
Guizhou	176 000	38
Hainan	34 000	9
Hebei	188 000	70
Heilongjiang	469 000	39
Henan	167 000	94
Hubei	186 000	58
Hunan	210 000	64
Jiangsu	103 000	75
Jiangxi	169 000	44
Jilin	187 000	28
Liaoning	146 000	43
Qinghai	721 000	6
Shaanxi	206 000	38
Shandong	153 000	95
Shanxi	156 000	35
Sichuan	485 000	83
Yunnan	394 000	45
Zhejiang	102 000	52
Autonomes Gebiet		
Guangxi Zhuang	236 000	48
Innere Mongolei	1 183 000	25
Ningxia Hui	66 000	6
Tibet	1 228 000	3
Xinjiang Uigur	1 600 000	22
Regierungsunmittelbare Stadt		
Peking	17 000	17 + 4 Wanderbev.
Shanghai	6 000	20 + 4 Wanderbev.
Tianjin	12 000	11
Chongqing	82 000	30
Sonderverwaltungsgebiete		
Hongkong	1 000	7
Macau	24	0,5

Quelle: u.a. China Statistical Yearbook

Han (ethnischen Chinesen) kleinräumig auch sein mag. Eine größere Zuwanderung gab es nur in zwei Räumen: Während bereits in der ersten Hälfte des Jahrhunderts, also noch vor der Gründung der Volksrepublik, zahlreiche Menschen in die Mandschurei im Nordosten und in die Innere Mongolei im zentralen Norden Chinas strömten, wurden vor allem in den 1950er- bis 1980er-Jahren mehrere Millionen Chinesen, hauptsächlich Han, in Xinjiang (Sinkiang) angesiedelt. Schwerpunkte einer Bevölkerungszunahme vor allem im Westen Chinas waren Neulandaktionen, die Ackerflächen schufen, dies vor allem in der Inneren Mongolei und in Xinjiang, sowie eine Zunahme hauptsächlich der städtischen Bevölkerung im Zuge einer Nutzung von Bodenschätzen und des Aufbaus der Industrie.

Die Verteilung der Bevölkerung auf Stadt und Land

Vor der Gründung der Volksrepublik lebten die meisten Menschen auf dem Land. Die Dörfer waren auf die nahe Kreisstadt ausgerichtet, ein Merkmal der Agrargesellschaft. Größere Städte gab es nur wenige, obwohl die Stadt in China eine weit über 2500-jährige Geschichte hat. Seit 1950 wurde in vielen Städten eine Industrie aufgebaut, dafür brauchte man Arbeitskräfte, seitdem wächst die Stadtbevölkerung. Seit der Wirtschaftsreform vollzieht sich der Prozess der Urbanisierung noch rascher als vorher, das betrifft Städte aller Größenordnungen, von der Kleinstadt bis zur Megacity. Das Anwachsen der Bevölkerung hat zwei Gründe. Zum einen bietet die Stadt langfristige Arbeitsplätze nicht mehr nur im sekundären Wirtschaftssektor, der Industrie, sondern auch im ständig zunehmenden tertiären Sektor, neben der Verwaltung vor allem im Handel und den Dienstleistungen. Zum Bau der Industrieanlagen, der Büros, der Restaurants und Handelsbetriebe und der Wohnungen für die sich rasch vergrößernde Bevölkerung, auch für die Verbesserung der Wohnverhältnisse als Folge des wachsenden Wohlstands braucht man Arbeiter. Daher halten sich in den Städten viele Millionen Menschen auf, die nach der Zielsetzung der Regierung nur vorübergehend in der Stadt sind und auf Baustellen ihren Lebensunterhalt verdienen.

Offiziell lebten 1980 von den rund 990 Mio. Einwohnern Chinas rund 800 Mio. auf dem Land und nur ein Fünftel in den Städten. In nur 30 Jahren stieg die Stadtbevölkerung von knapp 200 Mio. auf rund 650 Mio., dazu kommen die Wanderarbeiter, die ja zumindest zeitweise in den Städten sind. Innerhalb kürzester Zeit fand der größte Urbanisierungsprozess der Geschichte statt.

Wanderarbeiter

Ein weltweit einzigartiges Kennzeichen der Bevölkerung Chinas ist ihre hohe räumliche Mobilität. Hier vollzieht sich die größte Wanderungsbewegung in der Geschichte der Menschheit. Man schätzt, dass um 2012 über 250 Mio. Menschen aus ihrer dörflichen Heimat in Städte und besonders Ballungsräume abgewandert sind und dass sich diese Zahl bis 2015 auf 300 Mio., bis 2025 auf 400 Mio. Menschen erhöhen wird. Genaue Zahlen sind unbekannt, denn die Wanderarbeiter entziehen sich oft der offiziellen Erfassung. Geht man aber davon aus, dass von den rund 700 Millionen Menschen, die offiziell auf dem Land wohnen, in Wirklichkeit 250 Millionen in der Stadt leben, bedeutet dies, dass rund ein Drittel der Bevölkerung des ländlichen Raums abgewandert ist. Es dürfte kein Dorf geben, in dem nicht ein großer Teil vor allem der wirtschaftlich aktiven Bevölkerungsgruppe fehlt.

Faktoren der Migration

Die Migration wird durch zwei völlig unterschiedliche Faktorengruppen bewirkt. Die sogenannten Push-Faktoren, die zur Abwanderung aus den Dörfern führen, sind vor allem eine hohe Armut, die antizipierte Perspektivlosigkeit der Verhältnisse und der Wille des sozioökonomisch aktiven jüngeren Bevölkerungsteils, alles zur Verbesserung der materiellen Situation zu nutzen. Sogenannte Pull-Faktoren sind die hohe Nachfrage der Städte und Ballungsräume nach Arbeitskräften, hier vor allem nach gering qualifizierten – der ideale Markt für diejenigen, die aus der Landwirtschaft abwandern.

Soziale Strukturen der Migration

Wie kommt es zur Abwanderung aus dem Dorf? Auch hierbei wird die chinesische Kultur der Beziehungen, der Netzwerke wirksam. Vor allem junge Menschen werden von Agenten angesprochen, die für Arbeitsstellen Kräfte suchen. Damit haben die Abwanderer sofort einen festen Arbeitsplatz. Sehr oft zieht man zu Bekannten, die schon früher abgewandert sind und die einen freien Arbeitsplatz kennen. Haben die Migranten erst einmal in der neuen Umgebung Fuß gefasst, wechseln sie allerdings häufig den Arbeitsplatz, um ihre Situation zu verbessern.

Noch immer sind Wanderarbeiter „zumeist unverheiratete Jugendliche mit geringer Vorbildung, die mithilfe familiärer und landschaftlicher Netzwerke über informelle Institutionen migrieren" (Scharping 2006, S. 45). Doch

Viele Wanderarbeiter leben in Wohncontainern, die von den Unternehmen gegen hohe Mieten angeboten werden.

nimmt die Zahl der Verheirateten zu und damit die Zahl der Familien mit zumindest einem Kind.

Die Bauern werden durch die Zuwanderung nicht zu Städtern. Die Regierung bestimmt, dass sie nur eine vorübergehende Aufenthaltsgenehmigung erhalten, die oft an einen Arbeitsplatz gekoppelt ist. Dadurch will man ein arbeitsloses städtisches Proletariat verhindern. Von der Konzeption her sind sie mit den Gastarbeitern zu vergleichen, die westeuropäische Staaten in den 1960er-Jahren anwarben. In China sind die Wanderarbeiter gewissermaßen Gastarbeiter im eigenen Land.

Die Lage der Wanderarbeiter in der Stadt

Es gibt in der chinesischen wie der ausländischen Presse und in zahlreichen Untersuchungen viele Belege über die Ausbeutung der Wanderarbeiter. Sie arbeiten laut *China Labor Bulletin* in der Regel zwölf bis 14 Stunden am Tag, sieben Tage die Woche, haben einen Tag im Monat frei. Immer wieder kommt es zu schweren Unfällen, oft mit tödlichem Ausgang, weil Sicherheitsvorschriften bewusst missachtet werden. Der Leistungsdruck ist oft so stark, dass Wanderarbeiter Selbstmord begehen; solche Vorfälle ereigneten sich sowohl bei chinesischen wie bei ausländischen Firmen. Wanderarbeiter verrichten vorwiegend Tätigkeiten, welche die Stadtbewohner nicht mehr erledigen wollen, sie stellen einen großen Teil der Bauarbeiter und der Arbeitskräfte in den Fabriken. Aber sie sind Bürger zweiter Klasse. Denn weil sie rechtlich nicht als Stadtbürger gelten, sind sie von zahlreichen Leistungen wie Unterstützung im Krankheitsfall oder Schulbesuch für Kinder ausgeschlossen und müssen für Einrichtungen wie Unterkünfte und Wohnungen überhöhte Preise zahlen. Hier bahnt sich allerdings ein Wandel an, der ganz unterschiedliche Ursachen hat. Zum einen schützen in den letzten Jahren erlassene staatliche Verordnungen die Wanderarbeiter vor Ausbeutung, und diese Gesetze werden zunehmend eingehalten. Zum anderen haben sich die Wanderarbeiter weitere Rechte erkämpft, zum Beispiel die Erlaubnis, ihre Kinder in städtische Schulen zu den gleichen Bedingungen wie die Stadtbewohner schicken zu dürfen. Und schließlich gibt es in einigen Städten der Boomregionen an der Ostküste bereits einen Arbeitskräftemangel.

Räumliche Auswirkungen der Landflucht

Abwanderungsgebiete sind die Provinzen im zentralen China, zum Beispiel Hunan und Guizhou, Hubei, Anhui, Henan, Hebei und Sichuan, Zuwanderungsräume die Küstenprovinzen, vor allem die Großräume Peking, Shanghai (Delta des Jangtsekiang) und Kanton (Perlflussdelta einschließlich der Zentren Foshan und Shenzhen).

Die Bevölkerungsmigration vom Land in die Stadt hat hier wie dort umfassende Auswirkungen. Auf dem Land wandert die junge Bevölkerung ab. Als Folge werden Felder oft nur noch extensiv bestellt oder aufgegeben, Bewässerungsanlagen verfallen. Außerdem fehlen oftmals Impulse für den Aufbau nichtlandwirtschaftlicher Erwerbsmöglichkeiten. Innovationen werden auch dadurch verhindert, dass die Wanderarbeiter ihren Anspruch auf Ackerland nicht aufgeben, sie betrachten dies als Sicherheit, falls der Arbeitsplatz in der Stadt verloren geht. Dadurch haben die noch im Dorf Verbliebenen keine Chancen, ihre Erwerbsmöglichkeiten durch Übernahme des Ackerlandes zu verbessern. Andererseits haben die Geldüberweisungen der Wanderarbeiter in die Dörfer dazu geführt, dass auch in abgelegenen Gebieten Neubauten entstanden und dass Konsumgüter wie Fernseher und DVD-Player überall zu finden sind. „Mit jeder Person, die

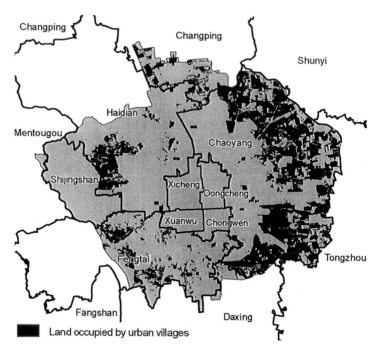

Land occupied by urban villages

Ganze Siedlungen werden durch Wanderarbeiter geprägt, in Ballungsräumen wie hier in Peking nehmen sie bereits große Flächen ein. Der Staat versucht diese Entwicklung zu verhindern, teilweise werden solche Siedlungen wieder abgerissen.

fortgeht, wird eine ganze Familie aus der Armut befreit" (He 2006, S. 298). Wanderarbeiter sorgen dafür, dass die sozialen Unterschiede innerhalb Chinas abnehmen.

In der Stadt bewohnen die Bauarbeiter sehr oft eigens für sie errichtete Wohncontainer. Für die Unternehmen ist das ein gutes Geschäft, denn sie verpflichten vielfach die Wanderarbeiter, in den Wohncontainern einen Schlafplatz zu mieten – bei acht Personen je Raum recht lohnenswert. Meist entstehen im stadtnahen ländlichen Raum ganze Siedlungen, die überwiegend und zum Teil sogar ausschließlich von Wanderarbeitern bewohnt werden; man könnte sie Dorfstädte nennen (chin. chengzhongcun, engl. urban villages). Häufig werden solche Siedlungen von Bauern errichtet, weil man durch Vermietung mehr erzielt als durch Ackerbau. In Südchina leben 80 % der Wanderarbeiter in solchen Siedlungen, in Peking bilden sie im Osten der

Stadt eine Art Halbring um die Innenstadt, die rund 900 Siedlungen nehmen fast die Hälfte der innerurbanen Wohnfläche ein. In manchen Städten erreicht die Zahl der Wanderarbeiter nahezu die der ständigen Bevölkerung. So leben in der Industriestadt Yiwu (Provinz Zhejiang) neben 640 000 Stadtbewohnern noch mehrere hunderttausend Wanderarbeiter. Durch den Bau eigener Unterkünfte für die Wanderarbeiter kommt es in China – im Gegensatz zu vielen Migrationsräumen in anderen Ländern – zu keinen größeren Slumsiedlungen.

Szenarios der künftigen Entwicklung

Es gibt zwei Möglichkeiten, wie sich die in die Städte zugewanderten Arbeitskräfte in Zukunft verhalten. Die eine ist die, dass die Menschen nach einiger Zeit zumindest in ihren Heimatraum zurückkehren. Dort wird ihre Sprache gesprochen, dort leben ihre Verwandten. Die Bindung an den Heimatraum ist sehr stark. So haben nur wenige von dem Angebot mancher Städte Gebrauch gemacht, sich eine permanente Aufenthaltserlaubnis ausstellen zu lassen, denn dafür hätten sie ihr Recht auf den Besitz des Ackerlandes im heimatlichen Dorf aufgeben müssen. Die zunehmende Wirtschaftsentwicklung in Provinzen wie Guizhou und besonders Sichuan führt dazu, dass nun auch dort für Wanderarbeiter attraktive Angebote entstehen. Eine Rückkehr der Wanderarbeiter hätte für den ländlichen Raum zahlreiche positive Auswirkungen. Denn diese Menschen kennen die Anforderungen der Industriegesellschaft, sind gewohnt, Innovationen aufzunehmen, haben Erfahrungen in der Arbeit außerhalb der Landwirtschaft. Diese Offenheit für Neues dürfte die überkommenen Sozialstrukturen auf den Dörfern aufbrechen. Das gilt besonders für die jungen Frauen, die in der Stadt unter widrigen Umständen gelernt haben, sich zu behaupten – ihr Selbstbewusstsein wird über ihre Dörfer hinaus China verändern.

Die andere Möglichkeit ist, dass sich die Wanderarbeiter in die städtische Gesellschaft integrieren und nicht mehr aufs Land zurückkehren. Das dürfte zunehmend für diejenigen Kinder gelten, die in den Ballungsräumen geboren und aufgewachsen sind und die dörflichen Wurzeln ihrer Eltern bei den seltenen „Heimfahrten" als fremde Welt kennenlernten. Da sie dennoch die Dörfer bei den Feiern der Großfamilie besuchen, führt dies zu einer weiteren Angleichung der Wertvorstellungen zwischen Stadt und Land.

Welches Szenario auch verwirklicht wird, die Wanderarbeiter tragen mit dazu bei, dass die chinesische Gesellschaft sich noch rascher von einer Agrargesellschaft zu einer an urbanen Wertvorstellungen orientierten Industriegesellschaft entwickelt.

Die ethnische Bevölkerungszusammensetzung: Han und Minderheiten

Die Volksrepublik China ist nach eigener Definition ein multinationaler Staat. Das bedeutet, dass die Existenz unterschiedlicher Ethnien anerkannt wird. Nach amtlichen chinesischen Statistiken setzt sich die Bevölkerung der Volksrepublik aus 56 offiziell anerkannten Nationalitäten zusammen. Sie werden im Chinesischen *minzu* genannt; bei den einzelnen Nationalitäten wird *zu* an den Namen gehängt, z. B. *hanzu* für die ethnischen Chinesen. Dabei bilden die ethnischen Chinesen (Han) mit 92 % der Gesamtbevölkerung die überwältigende Mehrheit, die übrigen 55 als „Minderheiten" (*shaoshu minzu*) bezeichneten Ethnien machen ganze 8 % der Gesamtbevölkerung aus, wobei selbst die größte Minderheit der Zhuang nur rund 16 Millionen umfasst (Stand Volkszählung 2000) und auch in dem nach ihr benannten Territorium (Autonomes Gebiet Guangxi der Zhuang) nur eine Minderheit ist.

Staatsrechtlich sind alle Einwohner der Volksrepublik China Chinesen.

Alle chinesischen Geldscheine tragen auf der Rückseite den Hinweis auf den Herausgeber (Chinesische Volksbank) in nicht weniger als fünf Sprachen in vier Schriftsystemen: Chinesisch (in Pinyin-Umschrift), Mongolisch (obwohl diese Schrift kaum mehr benutzt wird), Tibetisch, Uigurisch und in der Zhuang-Sprache. Damit wird der multinationale Charakter der Volksrepublik deutlich betont. Auf der Vorderseite finden sich nur chinesische Schriftzeichen.

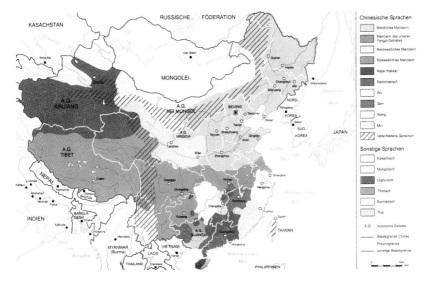

Chinesisch ist nicht gleich Chinesisch. Dabei gibt die Karte nur die Hauptdialekte an. Sie verdeutlicht aber, wie wichtig die Erziehung zu einer Hochsprache (Putonghua) in China ist und wie schwierig es wäre, die von allen verstandenen Schriftzeichen abzuschaffen.

Die Gruppe der Han

Die ethnischen Chinesen bilden die größte ethnische Gruppierung nicht nur Chinas, sondern der ganzen Welt. Entscheidend ist in der Volksrepublik dabei die offizielle Zuordnung, die auch im Pass dokumentiert wird, im Alltag auch die Selbstzuordnung. Die Han sind keineswegs ethnisch homogen, sie unterscheiden sich in der Mentalität, durch verschiedene Dialekte und durch das Eigenbewusstsein bestimmter Gruppen. Gemeinsam ist den Han ihr Zugehörigkeitsbewusstsein, das sich auf eine ihrer Meinung nach mindestens viertausendjährige Geschichte und vor allem eine gemeinsame Kultur und ein Wertsystem stützt, welches stark durch Konfuzius (um 500 v. Chr.) geprägt wurde. Politisch einte der „Erste Kaiser Chinas" Qin Shi Huangdi um 220 v. Chr. mehrere chinesische Königreiche zu einem Einheitsstaat, der Name Han stammt von der diesem Kaiser folgenden Dynastie (Han, 202 v. Chr. bis 220 n. Chr.).

In der Mentalität lassen sich die Han stark vereinfacht in Nord- und Südchinesen einteilen. Die Nordchinesen gelten als konservativer, stärker binnenzentriert („dem Land zugewandt"), Fremden gegenüber stärker ablehnend. Sie sind oft hochgewachsen. Die Südchinesen gelten als weltoffener, die meisten Auswanderer aus China stammen aus dem Süden. Wegen der Mentalitätsunterschiede spricht man auch von einem „gelben" (binnenorientierten) und einem „blauen" (nach außen, dem Meer hin offeneren) China.

Klarer lassen sich die Unterschiede innerhalb der Han an den Sprachen festmachen. Offiziell gibt es nur eine chinesische Sprache, die Unterteilungen werden lediglich als Dialekte bezeichnet. Dabei sind die unterschiedlichen Aussprachen so verschieden, dass sich etwa Chinesen aus dem Norden, aus Sichuan und aus dem Süden nicht miteinander in ihren Sprachen unterhalten können. Man kann sieben bis zehn verschiedene Sprachen bzw. Dialekte unterscheiden (Karte), wobei der Dialekt im China nördlich des Jangtsekiang der am meisten verbreitete ist: Er wird von etwa 70 % der Han gesprochen. Dieser Dialekt, früher im Westen Mandarin genannt, wurde von der chinesischen Regierung als verbindliche Hochsprache (*Putonghua*) festgelegt, er wird in allen Schulen unterrichtet. Dadurch ist gewährleistet, dass sich alle in China in einem gemeinsamen Dialekt, einer gemeinsamen Sprache verständigen können.

Die einzelnen Sprachen oder Dialekte sind dabei wiederum nicht einheitlich, sie lassen sich regional weiter gliedern. So wird etwa *Min*, das in der Küstenprovinz Fujian gesprochen wird (und nur für 4 % der Han Muttersprache ist), nochmals in vier Untergruppen differenziert (*Minbei*, nördliches Min; *Minnan*, südliches Min; *Mindong*, östliches Min; *Minzhong*, zentrales Min). Teilweise sprechen die Bewohner einer Gegend, ja oft eines Dorfes, einen eigenen Dialekt, der von anderen auch in der näheren Umgebung kaum verstanden wird.

Was dennoch dazu berechtigt, eine einheitliche chinesische Sprache zu konstatieren, ist die Tatsache, dass alle die verschiedenen Dialekte einheitlich geschrieben werden. Chinesen aus unterschiedlichen Gegenden schreiben daher oftmals die Schriftzeichen mit dem Finger auf die Hand, wenn die Aussprache zu unterschiedlich ist. Diese einheitliche Schrift bei unterschiedlicher Aussprache (den Zeichen für die Zahlen vergleichbar) ist einer der Gründe, warum China die komplizierten Schriftzeichen nicht zugunsten einer Übernahme der lateinischen Buchstaben abschaffen konnte, denn unsere Schreibweisen werden durch die Aussprache bestimmt.

Beispiele für eine Ethnie innerhalb der Han: die Hakka

Die Hakka sind eine Untergruppe der Han, die selbstbewusst ihre Eigenständigkeit betont. Die etwa 60 Mio. Hakka (oder Kejia) leben vorwiegend in

Die Ethnie der Hakka, die zu den Han gerechnet wird, hat eigene Wohnformen entwickelt. Wegen der unsicheren Verhältnisse wohnt ein ganzes Dorf in einem Rundbau. Nach außen schützend abgeriegelt, öffnen sich die Wohnungen zum Innenhof.

den Provinzen Guangdong, Fujian und Jiangxi. Eines der räumlichen Kennzeichen der Hakka sind die großen, drei- bis fünfgeschossigen Rundbauten (*tulou*), die man sonst nirgendwo findet. Sie dienten früher dem Schutz, sind nach außen hin schmucklos und ohne Fenster. Kommt man durch den einzigen Eingang hinein, kann man die einzelnen Wohnungen über balkonähnliche ringförmige Gänge betreten. Ein ganzes Dorf kann so ein Tulou umfassen, denn bis zu 800 Menschen leben darin. Eigenständig ist auch die Küche der Hakka, ihre Art der Nahrungszubereitung.

Hakka stellen einen erheblichen Teil der Auslandschinesen, was ihr Selbstbewusstsein ebenso stärkt wie die Tatsache, dass berühmte Revolutionäre wie Sun Yatsen und Deng Xiaoping Hakkas waren. Durch die moderne Gesellschaft mit ihrer sozialen und räumlichen Dynamik sowie durch das Fernsehen nimmt die Akkulturation an eine gesamtchinesische Identität in den letzten Jahrzehnten zu.

Minderheiten

Die 55 von der Regierung anerkannten Minderheiten – einige weitere kleinere Ethnien haben ihre Anerkennung beantragt – umfassen nur 8 % der Gesamtbevölkerung, das sind aber mit absolut etwa 110 Mio. mehr Menschen als Deutschland, Österreich, die Schweiz und Belgien zusammen Einwohner haben. Das ursprüngliche Siedlungsgebiet der Minderheiten umfasst mit etwa 60 % des Staatsgebiets der Volksrepublik den größten Teil Westchinas, heute bilden mit Ausnahme von Tibet und vielleicht noch Xinjiang (Sinkiang) aber die Han auch in allen Minderheitengebieten zumindest auf Provinzebene die Mehrheit. Lokal und teilweise auch regional auf Kreisebene stellen dagegen die Minderheiten oftmals die überwältigende Bevölkerungsmehrheit. Die Minderheiten bilden weder eine ethnische noch eine kulturelle noch eine soziale oder wirtschaftliche Einheit, die meisten leben in kleineren ethnischen Inseln in oft naturgeographisch ungünstigen Gebieten inmitten einer Han-Mehrheit. Sozial gehören sie meist zu den unteren Schichten, denn sie sind schlechter ausgebildet als die Han.

Chinas bekannteste Minderheit sind die Tibeter. Besonders die ältere Generation ist noch durch eine tiefe Religiosität geprägt. Das Bild zeigt eine Pilgerin in Lhasa.

Die zehn größten Minderheiten

Name (Völkergruppe)	Angehörige in Mio.	Wohngebiete	Schrift, Verwendung
Zhuang (Tai-Völker)	16,2	88 % in Guangxi, 7 % in Yunnan	in lateinischen Buchstaben, oft werden chin. Zeichen verwendet
Mandschu (Tungusische Völker)	10,6	70 % Mandschurei (Provinzen Liaoning, Heilongjiang, Jilin), 20 % Hebei	ursprünglich eigene Schrift, heute chin. Zeichen. Sprache ist untergegangen, die Mandschu sprechen Chinesisch
Hui (chin. Moslems)	9,8	20 % Ningxia, 12 % Gansu, in ganz China	Keine eigene Sprache, man spricht und schreibt Chinesisch
Miao (eigentlich Sammelbegriff) (Miao-Völker, ethnisch sehr zersplittert)	8,9	48 % Guizhou, 22 % Hunan, 12 % Yunnan	1956 eigene Schrift entwickelt, heute im Alltag vielfach Chinesisch
Uiguren (Turkvölker)	8,4	99 % Xinjiang-Uigur (Sinkiang)	Uigurische Schrift in modifiziertem persischem Alphabet
Tujia (Tibetobirmanische Völker)	8,0	33 % Hunan, 27 % Hubei, 18 % Guizhou	Chin. Zeichen.
Yi (umfasst 6 Ethnien der tibetobirmanischen Völker)	7,7	60 % Yunnan, 27 % Sichuan	Seit 1980 Yi-Silbenschrift mit 1 164 Zeichen
Mongolen (Mongolische Völker)	5,8	69 % Innere Mongolei, 12 % Liaoning	Mongolische Schrift, im Alltag wird v. a. in Städten Chinesisch verwendet
Tibeter (Tibetobirmanische Völker)	5,4	45 % in Tibet, 23 % in Sichuan, 20 % Qinghai	Tibetische Schrift
Buyi (Bouyei) (Tai-Völker)	2,9		Seit 1956 eigene Lautschrift mit lateinischen Buchstaben geschaffen

Quelle: Volkszählung 2000

Räumlich bewohnen die Han die für großflächigen Ackerbau geeigneten Gebiete im Osten Chinas, die Minderheiten naturgeographische Ungunsträume in Chinas Randgebieten. Mongolen, Tibeter, Kasachen lebten früher überwiegend als Nomaden in den Steppen und Berggebieten des Westens, die Uiguren siedeln als Ackerbauern in den Oasen in den Wüstengebieten Xinjiangs (Sinkiangs). In den Berggebieten Südwestchinas leben viele Minderheiten wie die Zhuang und die Miao ebenfalls vom Ackerbau.

Chinas Minderheiten sind nicht nur ethnisch sehr zersplittert, sie gehören auch ganz unterschiedlichen Völkergruppen an. Insgesamt gibt es nicht weniger als zehn Völkergruppen, neben den Tai-Völkern, den tibetobirmanischen Völkern, den Maio-Völkern sind es noch u. a. Turkvölker und tungusische Völker.

Beispiele für Minderheiten in der VR China

Zhuang. Die Zhuang sind die größte nationale Minderheit Chinas. Sie leben fast ausschließlich in Guangxi, das 1958 zum Autonomen Gebiet Guangxi der Zhuang erhoben wurde und damit eines der fünf Autonomen Gebiete ist, die nominell eine größere Selbstständigkeit als die Provinzen haben. Die Zhuang bilden allerdings nur in verschiedenen voneinander isolierten Gebieten die Bevölkerungsmehrheit, im Autonomen Gebiet insgesamt dominieren die Han. Denn 11,6 Mio. Zhuang stehen 21,6 Mio. Han gegenüber, bei einer Gesamtbevölkerung von 50 Mio. (um 2010) machen die Zhuang gerade ein Fünftel der Einwohner aus. Bereits zur Zeit der Qin-Dynastie wurde das Gebiet um 220 v. Chr. von China erobert. Immer wieder lehnten sich die Zhuang gegen die Han-Herrschaft auf, jedoch vergeblich. Die Han besiedeln vor allem die fruchtbaren Täler, die Zhuang wurden in die weniger ertragreichen Berggebiete abgedrängt, sodass eine Art ethnischer Höhengliederung entstand. In den Städten erfolgt eine rasche Assimilation der Zhuang an die Han-Kultur, einschließlich der Übernahme der Sprache.

Mongolen. Die Mongolen siedeln hauptsächlich im Norden Chinas, etwa die Hälfte im Autonomen Gebiet der Inneren Mongolei. Mit rund 6 Mio. leben mehr Mongolen in China als in der angrenzenden staatlich unabhängigen Mongolei (2,5 Mio.). Ursprünglich vorwiegend Nomaden, wurden sie zunehmend in Dörfern angesiedelt, allein von 2001 bis 2007 rund 700 000. Das wird mit dem zunehmenden Vordringen der Wüste begründet. Deren Vormarsch ist zwar auch eine Folge der Überweidung durch zu hohe Viehbestände der Mongolen, vielfach aber wurde die Desertifikation durch das Umbrechen der Steppe zu Ackerland verursacht. Waren die Mongolen bei der Gründung des Autonomen Gebiets Innere Mongolei (Nei Monggol) 1947 noch die dominierende Ethnie in ihrem Gebiet, so sind sie heute in der Minderheit, denn mit der Industrialisierung der Städte erfolgte eine massive Zuwanderung durch Han (um 1950: 0,2 Mio. Han; um 2000: 19,2 Mio. Han und 3,6 Mio. Mongolen). Nicht erst in der Kulturrevolution wurde die Kultur der Mongolen als rückständig angegriffen, auch seitdem besteht ein starker Druck zur Assimilation, der teilweise sehr erfolgreich ist: Zahlreiche Mongolen sprechen nur noch Chinesisch.

Uiguren. Dieses Turkvolk wehrt sich teilweise gewaltsam gegen die Han-Dominanz, so kam es zum Beispiel 1997, 1998, 2006 und 2008 zu schweren Unruhen. Viele Uiguren orientieren sich hin zu den anderen Turkvölkern, die nach Westen von den Kasachen bis zu den Türken ein relativ geschlossenes Siedlungsgebiet bewohnen, und bezeichnen ihr Gebiet als Ost-Turkestan. Die Regierung in Peking hat unter anderem mit Kasachstan Abkommen geschlossen, um alle Unabhängigkeitsbestrebungen zu unterdrücken. Noch um 1950 waren die Uiguren zusammen mit anderen dort seit Jahrhunderten lebenden Völkern wie den Kasachen, Kirgisen und Mongolen in der Mehrheit, seitdem hat die Han-Bevölkerung um fast das 40-Fache zugenommen: Lebten 1950 etwa 200 000 Han in Xinjiang, so waren es im Jahr 2000 7,5 Mio. Denn Han wurden gezielt bei einer Neulandgewinnung in der Dsungarei und am Tarimfluss angesiedelt, dazu kamen Han-Zuwanderer, die in den rasch wachsenden Städten die Industrie aufbauten. Die Uiguren bildeten bei der Volkszählung 2000 mit 8,3 Mio. noch die größte ethnische Gruppe, in ihren Siedlungsgebieten im Westen Xinjiangs, etwa in den Oasen Turfan und Kaschgar, stellen sie die Bevölkerungsmehrheit. Sie haben ihre eigene Sprache und Schrift bewahrt und sind kulturell sehr selbstbewusst.

Tibeter. Sie sind die im Ausland bekannteste ethnische Minderheit. Tibeter bewohnen ein relativ geschlossenes Siedlungsgebiet, das neben dem Autonomen Gebiet Tibet die Westhälfte der Provinz Sichuan umfasst (unter anderem das Gebiet, in dem die Pandabären leben), ebenso den flächenmäßig größten Teil der Provinz Qinghai. Im Autonomen Gebiet Tibet lebt nicht einmal die Hälfte aller Tibeter. Für Tibet und seine Kultur engagieren sich im Ausland zahlreiche Gruppen und betreiben eine aktive Propaganda gegen die chinesische Politik, die chinesische Regierung betont die sozialen und wirtschaftlichen Fortschritte, welche die Tibeter seit ihrer Eingliederung in die Volksrepublik erfahren hätten. Die Wahrheit zu erfassen, ist schwierig, denn die chinesische Regierung erlaubt kaum unabhängige Untersuchungen. So gehen schon die Angaben über die Zahl der Tibeter auseinander. Gibt es Schätzungen, wonach seit 1950 bis zu einem Sechstel der Bevölkerung

Tibets durch die kommunistische Gewaltherrschaft ums Leben kam, sagen die Volkszählungen, dass die Zahl der Tibeter allein im Autonomen Gebiet Tibet von 1,1 Mio. im Jahre 1951 auf 2,6 Mio. im Jahre 2000 stieg, die Gesamtzahl dieser Ethnie sich von 2,5 bis 2,7 Millionen in den 1950er-Jahren bis 2000 auf 5,6 Mio. erhöht hat; die tibetische Exilregierung nimmt sogar bis zu 6 Mio. Tibeter an.

Eine „Free Tibet Campaign" schätzte schon 1990 die Zahl der Han in Tibet auf 5 bis 5,5 Mio., die Volkszählung 2000 nennt für das Autonome Gebiet Tibet 2,4 Mio. Tibeter (93 % der Bevölkerung) und nur 100 000 Han (6 %). Diese Zahl ist allerdings eindeutig zu niedrig, so umfasst sie nicht die Armeeangehörigen und die Han, die nur vorübergehend nach Tibet abgeordnet wurden.

Entscheidend für eine Bewertung der Situation der Tibeter ist die Frage, wie sich ihre soziale, wirtschaftliche, kulturelle und politische Entwicklung vollzog. Vor dem Einmarsch der chinesischen Armee 1951 war Tibet eine Theokratie, der Dalai Lama war neben dem Panchen Lama das geistliche wie das politische Oberhaupt. Ein großer Teil der Bevölkerung, man schätzt bis zu einem Drittel, lebte in Klöstern. Diese Klöster waren nicht wie im abendländischen Mönchtum auch wirtschaftlich aktiv, sondern mussten von der Bevölkerung mit ernährt werden. Die Hauptlast der Arbeit trugen die Hirten und Bauern, die sehr oft Leibeigene der Adligen waren, etwa 5 % der Bevölkerung gehörte fast das gesamte Land, die Weiden und das Vieh. Unter chinesischer Herrschaft wurden die Abhängigkeitsverhältnisse geändert, man fasste die Tibeter wie im übrigen China zunächst in Volkskommunen zusammen, die nach 1980 wieder aufgelöst wurden. Schulen wurden errichtet, und durch den Aufbau eines Gesundheitswesens verdoppelte sich die Lebenserwartung der Tibeter auf rund 70 Jahre. Die Anlage von Straßen und seit 2006 einer Bahnverbindung ins zentrale China ermöglichen einen verstärkten Austausch von Waren. Es ist festzustellen, dass sich die wirtschaftliche und soziale Situation der Tibeter, auch als Folge der Wirtschaftsreform, stark verbessert hat. Anders ist es mit der religiösen Freiheit, die besonders in den letzten Jahren wieder eingeschränkt wird, da die chinesische Regierung die Klöster als Zentren eines politischen Widerstandes ansieht. Obwohl der Dalai Lama, der von den meisten Tibetern als ihr Oberhaupt angesehen wird, Gewalt ablehnt und eine lediglich hohe Autonomie innerhalb des chinesischen Staatsverbandes fordert, kommt es auch in Tibet wie in Xinjiang immer wieder zu Unruhen, größere waren zum Beispiel 1987, 1993 und 2008. Seit dem Jahr 2002 ist Tibetisch Pflichtfach in den Schulen. Ein sozialer Aufstieg ist vor allem in den Städten ohne Kenntnis des Chinesischen fast nicht möglich. Tibet ist das einzige Autonome Gebiet, in dem die namensgebende Ethnie noch die Bevölkerungsmehrheit stellt. Denn außer in wenigen großen Städten wie Lhasa mit einer Han-Dominanz sind die Tibeter auch wegen der ungünstigen natürlichen Bedingungen in ihren Siedlungsgebieten weitgehend unter sich. Wo sich dies ändert, unter anderem durch den Ausbau des Tourismus, ziehen auch Han zu und nehmen wegen ihrer besseren Ausbildung und ihres größeren Kapitals die führenden Stellen ein.

Die Assimilation der Tibeter an die Han-Kultur ist unterschiedlich. Vielfach senden führende tibetische Familien in den Städten ihre Kinder auf Schulen für die Han, um ihren Kindern bessere Aufstiegsmöglichkeiten in der Gesellschaft zu bieten. Andererseits sind gerade gut ausgebildete junge Tibeter ethnisch sehr selbstbewusst.

Mandschu. Von 1644 bis 1911 beherrschten die Mandschus als Qing-Dynastie ganz China. Sie sperrten ihr Siedlungsgebiet Mandschurei bis ins 19. Jahrhundert gegen jede chinesische Zuwanderung und verboten Heiraten zwischen Mandschus und Han. Obwohl die Mandschu schon vor dem Zusammenbruch der Qing-Dynastie weitgehend die Kultur der Han übernommen hatten, wurden bis 1911 alle Schriftstücke auf Chinesisch und Mandschurisch verfasst. Nach dem Ende des Kaiserreichs erfolgte eine beinahe vollständige Assimilation. Würde nicht die Nationalität im Personalausweis festgehalten, würde man die Mandschu nicht erkennen, sie haben Sprache, Schrift und Kultur der Han übernommen.

Politik gegenüber den Minderheiten

Schon in der Frühzeit des chinesischen Reiches unterstanden dem Kaiser Völker, die kulturell so eigenständig waren, dass sie nicht den Han zugerechnet werden konnten und wollten. Dabei stellten die Kaiser von Anfang an klar, dass sie diese Völker gegenüber den Han als kulturell tiefer stehend betrachteten. Dies ist der Auffassung der Griechen vergleichbar, die ihre Nachbarvölker als Barbaren ansahen. Viele Jahrhunderte herrschten die Kaiser indirekt über diese Völker, indem sie die angestammten Autoritäten der Minderheiten zur unterwerfenden Zusammenarbeit zwangen, doch seit etwa 1750 wurden die ethnischen Führer durch Han-Beamte ersetzt. Von Anfang an wehrten sich viele Minderheiten gegen die Han-Herrschaft, die sie auch in ihren Gebieten wirtschaftlich benachteiligte, oft in unwirtliche Berggebiete abdrängte – alle Widerstände aber wurden niedergeschlagen.

Die Volksrepublik China nahm die Sowjetunion zum Vorbild. Die Minderheiten sollten ein hohes Maß an Selbstständigkeit genießen, da die gemeinsame Ideologie des Sozialismus für entscheidender als ethnische Unterschiede angesehen wurde – gemäß dem Ausspruch Stalins: „National in der Form, sozialistisch im Inhalt." Wichtige Voraussetzung für die Anerkennung einer Ethnie als „nationale Minderheit" waren neben einer gemeinsamen Sprache vor allem eine eigenständige Kultur und ein Bewusstsein der Eigenständigkeit. Dabei gab man sich Mühe, durch wissenschaftliche Untersuchungen Gemeinsamkeiten und Abgrenzungen festzustellen. Die Minderheiten sollten gefördert werden, für schriftlose Völker wurden teilweise Schriftsprachen entwickelt, wobei man – wie etwa bei den Zhuang oder den Buyi – die lateinische Schrift als besonders geeignet betrachtete. Damit auch kleinere Minderheiten berücksichtigt werden konnten, gibt es Minderheitengebiete nicht nur auf Provinzebene, sondern auch auf der Ebene der Bezirke und sogar der Kreise. Die Minderheiten haben das Recht, zumindest in der Grundschule im Dorf in ihrer Sprache unterrichtet zu werden und sie im offiziellen Verkehr mit Behörden anzuwenden. In den

In Lhasa lockt ein Geschäft mit der Aufschrift in Tibetisch, Chinesisch und Englisch.

Verwaltungseinheiten, in denen eine Minderheit anerkannt ist, sind bei öffentlichen Gebäuden die Aufschriften in Chinesisch und der Sprache der Minderheiten. Bei der Zuteilung von Studienplätzen werden Angehörige von Minderheiten teilweise bevorzugt.

Die anerkannten Minderheiten haben dennoch nicht das Recht, eine politische Unabhängigkeit einzufordern. Die nationale Einheit steht über solchen Bestrebungen, die von der Regierung als Separatismus gebrandmarkt werden.

Die offiziell gewährte kulturelle und in unterschiedlichem Ausmaß auch administrative Eigenständigkeit der Minderheiten ist die eine Seite der Politik. Im Alltag verwenden die Minderheiten dort ihre eigene Sprache, wo sie im ländlichen Raum unter sich sind. In den Städten ist die Situation anders. Das hängt damit zusammen, dass die Minderheitenpolitik, wie früher in der Sowjetunion, den Angehörigen der Minderheiten nur das Recht einräumt, ihre eigene Sprache zu verwenden. Kein Han muss zum Beispiel in Tibet oder Xinjiang tibetisch oder uigurisch können, denn Chinesisch ist in allen Landesteilen die Hauptsprache. Da viele Han in den Städten dominieren, sich den Angehörigen der Minderheiten überlegen fühlen, sind diese gezwungen, sich anzupassen.

Die offizielle Politik betont die Gleichberechtigung der Minderheiten. So sind in allen Minderheitengebieten die Tafeln der Behörden und offizieller Einrichtungen zweisprachig: außer Chinesisch auch in der Sprache der Minderheit. Aber auch Geschäftsleute werben damit:

Bei Maßnahmen der Regierung wird auf die Rechte und Bedürfnisse der Minderheiten keine Rücksicht genommen. So wurden in der Inneren Mongolei und in Xinjiang große Flächen Steppe in Ackerland umgewandelt, das von Han bebaut wurde, die man aus dem östlichen China hergebracht hatte. Die vorher dort als Nomaden lebenden Mongolen und Kasachen wurden in abgelegene Gebiete abgedrängt, die naturgeographisch wesentlich schlechter zu nutzen sind. Diese naturgeographische Ungunst führt wiederum dazu, dass die Nomaden an festen Plätzen angesiedelt werden: Ihre Lebensweise führe zur Degradation des Naturpotenzials und müsse daher unterbunden werden.

Separation, Integration oder Assimilation

Ein immer wieder genanntes Ziel der Regierung ist es, die Einheit Chinas gegenüber separatistischen Ideen der Minderheiten zu erhalten. Deswegen werden Bestrebungen nach größerer nationaler Unabhängigkeit, gar politische Separationsbestrebungen, unnachsichtig verfolgt. Das betrifft vor allem die Uiguren und Tibeter. Eine Eigenständigkeit der Minderheiten auf kulturellem Gebiet wird zugelassen, hier gibt es auch umfangreiche wissenschaftliche Forschungen, die viel zur Erhellung der Geschichte und kultureller Traditionen beigetragen haben. Die Tradition der Minderheiten wird auch durch den Tourismus gefestigt. Die alten Trachten und Tänze ziehen viele Besucher an und ermöglichen besonders den Minderheiten in armen Gebieten einen wichtigen Zusatzverdienst.

Die bessere Ausbildung und ein zunehmender Wohlstand führen teilweise dazu, dass Minderheiten selbstbewusster als früher auftreten. Das gilt vor allem für die Uiguren und Tibeter, die ja in größerer Zahl in Gebieten leben, in denen sie dominieren.

Die chinesische Gesellschaft ist mit all ihren Schichten und Ethnien seit Gründung der Volksrepublik in einem Prozess des dynamischen Wandels, der auch die Minderheiten einbezieht. Durch den Wandel von der Landwirtschaft in andere Wirtschaftssektoren, durch die Möglichkeit eines sozialen

Das Fremde fasziniert. So werden Minderheitengebiete auch von den Han aufgesucht. Der Tourismus bringt Geld in die abgelegenen, oft noch armen Gebiete. Zwar werden Sitten und Kostüme durch die Zurschaustellung kommerzialisiert, andererseits erhöht die Attraktivität für Fremde auch das Selbstbewusstsein der Minderheiten.

Aufstiegs und durch die erhöhte Mobilität, nicht zuletzt durch eine Arbeit in entfernten Gebieten, sinkt überall die Bedeutung der lokalen Kulturen. Eine einende Kraft bildet das Fernsehen, das auch entfernte Teile des Landes und Minderheiten in abgelegenen Gebieten erreicht. Dadurch werden die Menschen in eine gesamtchinesische Gesellschaft integriert, bei der die ethnische Zugehörigkeit eine untergeordnete Rolle spielt.

Aus der Sicht der Han kann es für die Minderheiten letztlich nur ein Ziel geben: zur kulturellen und zivilisatorischen Höhe der Han aufzusteigen. Das Überlegenheitsgefühl der Han besteht seit weit über 2 000 Jahren und hat sich nie geändert. Einige Minderheiten haben sich schon assimiliert, wie etwa die Mandschu. Andere sind auf dem Weg dorthin, etwa kleine Minderheiten wie die Buyi, aber auch teilweise die Zhuang. Eine völlige Assimilation wird es aber wohl kaum geben. Dazu sind Ethnien wie die Tibeter und Uiguren zu selbstbewusst.

5 Wirtschaft: vom Armenhaus zur globalen Wirtschaftsmacht

Man muss nicht nach China fahren, um die wirtschaftliche Bedeutung des Landes zu erfassen. Es genügt ein Blick auf die Herkunftsbezeichnung von Waren. Sehr oft wird man das Label „Made in China" finden, zunehmend bei hochwertigen Erzeugnissen der Informationstechnologie wie elektronischen Speichermedien, Mobiltelefonen und Computern. Die ökonomische Stärke Chinas beherrscht auch vielfach die Diskussion in Politik und Gesellschaft: Vom Staunen über Bewunderung bis zur Furcht reicht die Skala der Reaktionen auf die wirtschaftliche Dynamik des Landes, das Deutschland als Exportweltmeister und Japan als zweitgrößte Wirtschaftsmacht der Welt überholt hat, sich selbst aber nach wie vor als Entwicklungsland sieht.

Wenn man in China „auf Tour" ist, fällt einem die wirtschaftliche Potenz auf, die das Land gestaltet. Die Städte scheinen Ausstellungen moderner Architektur zu sein, in den urbanen Randgebieten reihen sich die Produktionsstätten chinesischer und ausländischer Firmen, auf dem Land werden ganze Dörfer neu gebaut – China, ein Land der Kräne und Baugerüste.

Die folgenden Abschnitte beleuchten die gegenwärtigen Verhältnisse und Veränderungen, zeigen aber auch ihre Ursachen auf – und wagen einen vorsichtigen Blick in die Zukunft.

Staatliche Zielvorstellungen und ihr radikaler Wandel

Die Volksrepublik China hatte unter dem „Großen Vorsitzenden" Mao Zedong (1893–1976) eine Politik der Entwicklung aus eigener Kraft verfolgt, der Außenhandel war gering. Als Mittel der Wirtschaftslenkung galt die Planwirtschaft. Trotz politisch bedingter Rückschläge wurden wirtschaftliche Erfolge erreicht, die aber bescheiden blieben. „Arm, aber nicht elend" war eine Redewendung, mit der man sich selbst feierte und gegen andere Entwicklungsländer abgrenzte. In einem innerparteilichen Machtkampf nach Maos Tod setzte sich Deng Xiaoping (1904–1997) durch: Der Aufbau einer kommunistischen Gesellschaft wurde zurückgestellt, die Macht der Partei sollte nicht mehr durch Terror, sondern durch wirtschaftlichen Wohlstand gesichert werden. Das aber verlangte einen radikalen Wandel der bisherigen Politik.

Eine Wirtschaftsreform, die 1978 beschlossen und seit 1980 verwirklicht wurde, führte in kurzer Zeit zu einem von vielen nicht für möglich gehaltenen wirtschaftlichen Aufstieg. Dabei wendete China, anders als später Russland, keine „Schocktherapie" an, sondern führte die einzelnen Änderungen vorsichtig schrittweise durch. „Nach den Steinen tastend den Fluss überqueren", formulierte Deng Xiaoping.

Die Wirtschaftsreform vollzog sich vor allem in zwei Bereichen:

Einführung der Marktwirtschaft. Zunächst wurde die Landwirtschaft aus dem starren System der Lieferverpflichtungen zu vorgeschriebenen (niedrigen) Preisen entlassen, später folgte die Industrie. Der lange vernachlässigte tertiäre Sektor konnte sich zunehmend entfalten.

Öffnung gegenüber dem Ausland. Entscheidend war die Öffnung, anfangs vor allem gegenüber den westlichen Industriestaaten. Sie bestand in der Begünstigung ausländischer Kapitalinvestitionen, einem möglichst raschen Technologietransfer und der Übernahme westlicher Managementstrategien.

Nach wie vor bestehen zwar staatliche Fünfjahrespläne, z. B. der zwölfte Fünfjahresplan von 2011 bis 2015, doch sie geben nicht mehr wie früher Planzahlen für fast alle wirtschaftlichen Bereiche vor, sondern nennen Ziele der staatlichen Perspektivplanung. Zu dieser Planung gehört der industrielle Ausbau durch eine gezielte Auswahl besonders leistungsfähiger Unternehmen, etwa der Stahl- und Fahrzeugindustrie, und ein erzwungener Technologietransfer von ausländischen Unternehmen zugunsten ihrer chinesischen Partner – der Staat setzt also teilweise sehr konkrete Ziele.

Die neue Wirtschaftspolitik erhielt – wenn auch erst 1992, also über zehn Jahre nach ihrer faktischen Einführung – einen Namen: „sozialistische Marktwirtschaft", oft mit dem Zusatz „chinesischer Prägung". In der Praxis herrscht in China ein hoher Marktliberalismus, der durch Gesetze sozial eingegrenzt werden soll.

Die staatlichen Zielvorgaben zur Wirtschaftspolitik wirkten sich im Raum und in der gesamten Gesellschaft aus. Auch hier erfolgte jeweils ein radikaler Wandel. In der Raumordnung lag vor 1980 der Schwerpunkt der Investitionen im Binnenland, denn das Ziel war eine möglichst gleichmäßige Erschließung des gesamten Landes. Nun wurde die Küstenregion bevorzugt, also der Raum, in dem schon seit der Gründung der Volksrepublik industrielle Ansätze vorhanden waren. Zudem war dieser Raum aus dem Ausland leicht zu erreichen, das entsprach dem Ziel der Öffnung des Landes. Das politische Ziel war, dass der Wohlstand sich aus den rasch prosperierenden Küstenregionen in das Hinterland verbreiten würde. Seit 2000 erfolgte wiederum ein Wandel: Staatliche Investitionen, vor allem in die Infrastruktur und andere Fördermaßnahmen, sollen nun in die wirtschaftlich zurückgebliebenen Landesteile im Westen fließen. Die staatliche Förderung der Küstenregionen wurde reduziert, doch entwickeln diese sich heute aus eigener Kraft noch immer wesentlich schneller als die Regionen des Binnenlandes.

Die neue Wirtschaftspolitik führte auch zu einer radikalen Änderung der Sozialstruktur. War vorher das Ziel eine möglichst hohe Egalität, so erlaubte nun die Partei, dass einige eher reich werden. Man ließ zu, dass die sozialen Unterschiede wuchsen, mit der Folge, dass die Gesellschaft Chinas heute von großen Ungleichheiten geprägt ist. Allerdings hat sich die materielle Lage für den überwiegenden Teil der Chinesen wesentlich verbessert.

Chinas Aufstieg durch Öffnung

Die chinesische Führung ging sehr behutsam vor und ließ 1980 nur in vier Städten ausländische Investitionen zu. Shenzhen an der Grenze zu Hongkong entwickelte sich mit weitem Abstand vor den anderen Orten zu einem Wirtschaftszentrum. In den folgenden Jahren wurden weitere Städte und Gebiete „geöffnet", und heute kann fast jeder Ort in der Volksrepublik China um ausländische Unternehmen werben. Fast alle größeren Städte haben ein Gewerbegebiet, in dem chinesisch-ausländische Gemeinschaftsunternehmen und ausländische Firmen produzieren. In Metropolen wie Peking, Shanghai, Chengdu, Chongqing, Kanton (Guangzhou), Shenyang haben ausländische Firmen ganze Fabriken errichtet. Als Beispiel sei die Autoindustrie ange-

Shenzhen – die Erfolgsstory

Shenzhen, an der Grenze zu Hongkong gelegen, bestand bis 1980 neben den Abfertigungsgebäuden aus einer Ansammlung traditioneller ein- bis zweigeschossiger Häuser und hatte 30 000 Einwohner. Heute leben und arbeiten in Shenzhen rund 12 Mio. Menschen, Hongkong mit seinen 7 Mio. Einwohnern ist längst überholt. Die Stadt wartet mit einer Reihe von Superlativen auf. Sie hat neben Shanghai die einzige Börse in China (ohne Sonderverwaltungsgebiet Hongkong), Shenzhen gilt als die Stadt mit dem höchsten Pro-Kopf-Einkommen, mit der jüngsten Bevölkerung, mit der größten Zahl an Zuwanderern, mit der größten wirtschaftlichen Dynamik.

In Shenzhen spiegelt sich wie in einem Brennglas der rasante Aufstieg von Chinas Industrie. Wurden anfangs vor allem Textilprodukte hergestellt, weil man dafür wenig Kapital, kaum moderne Technik, sondern vor allem billige Arbeitskräfte brauchte, so wurde schon um das Jahr 2000 die Industrie von der Informationstechnologie geprägt. Hier haben zahlreiche chinesische Unternehmen ihren Sitz, nicht zuletzt, weil hier ein großes Angebot an gut ausgebildeten Ingenieuren und Managementfachkräften besteht – neben der nach wie vor hohen Zahl an leistungsorientierten Arbeiterinnen und Arbeitern, die aus ganz China nach Shenzhen strömen. Shenzhens Wirtschaft ist in hohem Maße exportorientiert. Hier stellt z. B. das taiwanesische Unternehmen Foxconn in einem „iPod City" genannten Stadtteil Elektronikgeräte bzw. -teile für US-amerikanische und japanische Firmen her. Der Export erfolgt zum Teil über mehrere Containerhäfen, die insgesamt im weltweiten Maßstab Rang vier erreichen; der erst 1991 errichtete Flughafen wird nach seiner Erweiterung 2012 eine Kapazität von 40 Mio. Passagieren haben.

Die Zahlen für sich sind schon beeindruckend, und beim Anblick der Bauten kann einem erst recht schwindelig werden. Denn die wirtschaftliche Dynamik zeigt sich unmittelbar im Stadtbild: Shenzhen ist eine riesige Baustelle, immer wieder werden erst kürzlich errichtete Gebäude abgerissen, um Platz für neue, höhere zu schaffen. Der Baugrund muss optimal genutzt werden, zudem kann man mit architektonischen Akzenten Mieter anziehen. Bereits 2010 waren 13 Gebäude über 200 m hoch, 2012 kam der Jing-ji 100 (auch Kingkey 100) mit seinen hundert Geschossen und einer Höhe von 441m hinzu.

führt; die Liste liest sich wie ein Who's who der großen Fahrzeughersteller: Volkswagen produziert in Shanghai und Chengdu, dort baut auch Toyota; Audi und BMW fertigen Autos in Shenyang, Ford und Mazda in Chongqing, Peugeot in Kanton und Chrysler, Mercedes und Hyundai in Peking. Volvo errichtet Werke in Chengdu und Daqing.

Die Öffnung war erfolgreich: Es gibt eigentlich nichts, was nicht in China für das eigene Land und für die Welt hergestellt wird.

Shenzhen ist auch ein Brennpunkt der Entwicklung der Arbeitsverhältnisse in China. Immer wieder wird auch in der chinesischen Presse über schwere Verstöße beim Arbeitsschutz berichtet, die Ausbeutung besonders der Wanderarbeiter erfolgt trotz ständig neuer Gesetze für einen verbesserten Schutz der Belegschaft. Doch auch hier deutet sich in Shenzhen eine Entwicklung an, die bald ganz China prägen wird: Die Arbeitskräfte werden knapp. Dadurch steigen die Löhne, was wiederum die wirtschaftliche Dynamik beschleunigt, hin zur Produktion noch hochwertigerer Industrieprodukte und vor allem hin zu einem sich ständig erweiternden tertiären Sektor.

Beethoven und Marx als Vorbilder an der Wand des Klassenzimmers: In Shenzhen ist Weltoffenheit angesagt. Zum Trost: Nicht nur Künstler und Denker aus Deutschland, auch moderne Produkte etwa seiner Autoindustrie sind gefragt.

Die Faktoren des Auslands: Kapital- und Technologietransfer. Bis 2010 haben ausländische Unternehmen über 800 Mrd. US-Dollar in China investiert. Entscheidender noch für den Aufschwung war die rasche Übernahme moderner westlicher Technik. Dies geschah auf vielfältige Weise. Die chinesische Regierung verlangt, dass der Anteil der im Land selbst produzierten Teile („local content") ständig erhöht wird. Dadurch sind die ausländischen Unternehmen gezwungen, immer modernere Produktionsanlagen mit der

Firma mit deutscher Flagge.

VW-Produktion im Shanghaier Stadtteil Anting.

neuesten Technologie in China zu errichten. Um möglichst schnell die Produktion in China durchführen zu können, veranlassten viele Firmen ihre Zulieferer, ebenfalls Fertigungsstätten in China zu errichten. So befinden sich im Shanghaier Stadtteil Anting um das VW-Werk herum zahlreiche weitere deutsche Firmen, und man hat hier sogar durch deutsche Architekten eine „deutsche Stadt" errichten lassen. China gibt sich Mühe, den Ausländern das Leben zu erleichtern.

Wer in China unterwegs ist, kann ausländische Firmen oft erkennen: Das Firmengelände schmückt neben der chinesischen Flagge die des jeweiligen Herkunftslandes der Firma. Oder man entdeckt vertraute Firmenlogos.

Die Öffnung Chinas gegenüber ausländischen Unternehmen war die eine Seite des Erfolgs. Mindestens ebenso entscheidend war die Bereitschaft des Auslands, in China zu investieren und moderne Technologie einzusetzen. Vor allem aber öffnete das Ausland seine Märkte für chinesische Waren.

Chinas Wirtschaft in globaler Verflechtung

Die wirtschaftliche Verflechtung Chinas mit der Welt nahm seit der Wirtschaftsreform sprunghaft zu. Das lässt sich am Umfang des Außenhandels ablesen. Betrug das Volumen 1980 erst 38 Mrd. US-Dollar, so stieg es bis zum Jahr 2000 auf 474 Mrd., um bis zum Jahr 2009 geradezu zu explodieren: Mit einem Außenhandelsvolumen von 2 200 Mrd. US-Dollar überholte China das bis dahin führende Deutschland und setzte sich an die Spitze der größten Exportnationen.

China wurde zur „Werkbank" der Welt. Viele Produkte werden allerdings nur zum Teil in China hergestellt. Wegen der global niedrigeren Lohnkosten bei hoher Qualität der Herstellung werden viele Produkte in China lediglich fertiggestellt. Über die Jahre verbreiterte sich die Produktionspalette hin zu immer hochwertigeren Industriegütern. Was mit der Textilindustrie begann, endet noch nicht mit der Informationstechnologie, in der China heute zu den führenden Herstellern der Welt zählt. Gleichzeitig hat sich auch der Abnehmerkreis für chinesische Erzeugnisse ausgeweitet, denn außer in Industrieländer liefert China zunehmend in Entwicklungsländer, wo es in einigen Marktsegmenten schon heute Platz eins bei den Importen einnimmt.

Die ausländischen Firmen, die in China produzieren oder produzieren lassen, haben aber nicht nur ihren jeweils heimischen Markt im Blick, in den sie nun dank der niedrigen Lohnkosten preisgünstig liefern können. Auch der chinesische Binnenmarkt war von Anfang an Ziel ihrer Unternehmungen. So kamen qualitativ hochwertige Erzeugnisse sogleich auch der chinesischen Bevölkerung zugute.

Bisher haben wir die Globalisierung unter dem Blickwinkel betrachtet, dass ausländische Unternehmen in China fertigen lassen bzw. dass Produkte aus China in alle Welt gelangen. Seit der Jahrtausendwende produzieren chinesische Firmen auch im Ausland. Dazu kaufen sie teilweise ausländische Firmen auf. Bekannte Beispiele sind der chinesische Computerhersteller Lenovo, der vom US-Giganten IBM die PC-Sparte übernahm, oder die schwedische Automarke Volvo, die vom US-Konzern Ford an den chinesischen Hersteller Geely verkauft wurde. Auch deutsche Firmen haben inzwischen chinesische Besitzer, etwa der Computerhersteller Medion. Dazu kamen aber auch Firmen der Werkzeugmaschinenherstellung und der Mechatronik und Automotivsparte.

China als Nutznießer der Globalisierung

Die Öffnung brachte für Chinas Menschen eine Fülle von Vorteilen. Zunächst wurden mit ausländischer Hilfe Millionen neuer Arbeitsplätze geschaffen. Viel mehr Menschen kam aber zugute, dass sie hochwertige Waren mit moderner ausländischer Technologie kaufen konnten. Die neuen Erzeugnisse kamen nicht nur aus Firmen in ausländischem Besitz oder mit ausländischer Beteiligung, sondern bald auch von chinesischen Unternehmen. Sie bekamen die moderne ausländische Technologie legal und illegal. Legal durch die Vorgabe der Regierung, immer mehr Teile in China selbst herstellen zu lassen, und illegal durch Diebstahl der Technologie.

Die Öffnung gegenüber dem Ausland wirkte wie ein Motor auch für die übrige chinesische Wirtschaft, vor allem bei Industrie und Dienstleistungen. Anders als in vielen anderen Ländern kam die wirtschaftliche Leistung weiten Bevölkerungskreisen zugute. Man spricht auch im Ausland von der größten raschen Zunahme wirtschaftlichen Wohlstands in der Geschichte. Weit über eine Milliarde Menschen haben die Armut hinter sich gelassen, einen relativen Wohlstand dürften rund 400 Mio. Chinesen erreicht haben.

Der wirtschaftliche Erfolg wirkte sich auf die Gesellschaft aus: Die sozialen Unterschiede vergrößerten sich trotz der allgemeinen Zunahme des Wohlstands beträchtlich. Andererseits führte der Wohlstand auch zu einem umfassenden Ausbau von Kultur und persönlicher Freiheit.

Innerhalb Chinas gibt es eine Dynamik der Produktionsstätten. Die Löhne steigen in den Küstenregionen rasch an. Das führt dazu, dass Betriebe lohnkostenintensive Herstellungsprozesse in das Binnenland verlagern. In den entwickelten Zentren an der Küste werden technisch anspruchsvollere Produkte hergestellt, deren höhere Gewinnmargen bessere Löhne erlauben. Moderne Anlagen stehen heute allerdings nicht nur in den Küstenregionen um Shanghai, im Perlflussdelta und im Raum Peking, sondern auch in den Metropolen des Binnenlandes, etwa in Chengdu, Chongqing oder Shenyang. Doch gerade in den Küstengebieten gibt es ein buntes Nebeneinander sehr unterschiedlicher Technologiestufen. Während die großen Produktionsstätten beispielsweise von Textilien in billigere Länder wie Vietnam verlegt wurden, kann man auch im Perlflussdelta noch immer Kleinbetriebe sehen, die Markenlogos auf Jeans nähen.

Stärkung des Binnenmarktes

Als Ende der 2000er-Jahre eine Wirtschaftskrise in den USA durch die internationale Spekulation zu einer weltweiten Finanz- und Weltwirtschaftskrise wurde, von der die westlichen Industriestaaten besonders betroffen waren, brachen den chinesischen Firmen zahlreiche Kunden weg, ausländische Firmen reduzierten ihr Engagement drastisch. Auch China drohte in den Abwärtssog zu geraten. Über 20 Mio. Wanderarbeiter verloren innerhalb kurzer Zeit ihre Beschäftigung. Die Regierung startete ein gigantisches Konjunkturprogramm, das vor allem staatliche Investitionen in die Infrastruktur vorsah. Man setzte also weniger auf die Rettung von Firmen, sondern schuf stattdessen neue Arbeitsplätze an anderer Stelle. Während die von der Krise am stärksten betroffenen USA nur 6 % des Bruttoinlandsprodukts (BIP) – 787 Mrd. US-Dollar – aufwandte, setzte die chinesische Regierung nicht weniger als 16 % des BIP – 4 Billionen Yuan, entspricht nominell 586 Mrd. US-Dollar – ein, um die Wirtschaft anzukurbeln. Die Investitionen sollten erkannte schwere Mängel beseitigen und gleichzeitig zukunftsorientiert sein. So wurde etwa der Bau von Kläranlagen gefördert, besonders im Binnenland entstanden zahlreiche Überlandstraßen und Autobahnen, dazu mehrere Schnelltrassen für den Eisenbahnverkehr. Die chinesische Regierung zog aus den globalen Entwicklungen den Schluss, die bisherige vorrangige Ausrichtung auf den Export aufzugeben und im 12. Fünfjahresplan (2011–2015) die wirtschaftliche und soziale Entwicklung durch eine weitere Ausrichtung auf den ständig wachsenden Binnenmarkt zu verändern. Das entspricht nicht nur nach chinesischer Auffassung einer Neuorientierung.

Die Gewinner: China und die Welt

Es wurde schon dargestellt, dass die Wirtschaftsentwicklung nahezu allen Chinesen große Vorteile brachte und die Armut weitgehend beseitigte. Zwar ist der Wohlstand sehr ungleich verteilt, doch kann man jetzt damit beginnen, die sozialen Gegensätze auszugleichen. Aber nicht nur der allgemeine Wohlstand hat zugenommen. Den Chinesen stehen heute hochwertige Erzeugnisse zur Verfügung, weil die im Land gefertigte Produktion auf den Weltmarkt ausgerichtet ist. Nicht nur die Menge und Verfügbarkeit der Erzeugnisse hat sich wesentlich verbessert, sondern auch deren Qualität (was in den Statistiken nicht erfasst wird).

Auch die Menschen in den Entwicklungs- und Industrieländern gehören zu den Gewinnern. So wären etwa Computer, Notebooks und Mobiltelefone nicht in dem Maß verbreitet, wenn sie nicht so billig aus China zu beziehen wären. Der zunehmende Wohlstand in China wirkt sich auch auf den Export aus: So führte Deutschland im Jahr 2011 Waren im Wert von 66 Mrd. Euro mit dem Bestimmungsziel China aus, doppelt so viel wie noch 2009. Und das sind nicht nur Autos: Selbst Schokolade und Papiertaschentücher aus Deutschland lassen sich in dem asiatischen Land verkaufen.

Hervorzuheben ist, dass die Entwicklung nach den Regeln der kapitalistischen Marktwirtschaft erfolgte. Sie beruhte nicht auf Milliarden an Entwicklungshilfe, die wenig am Elend beseitigt hätten, sondern die ausländischen Unternehmen investierten sehr gewinnorientiert.

Verschiedene Aspekte der Wirtschaft

Abschließend sollen einige innerchinesische und außenwirtschaftliche Themen die zuvor behandelten Aspekte vertiefen, zum Nachdenken anregen und Gründe für die Zuversicht aufzeigen, dass Chinas Wirtschaft sich auch zukünftig zum Wohl der Menschen fortentwickeln kann.

Die chinesische Staatsbank klagt an. „Nicht weniger als 800 Milliarden Yuan (mehr als 120 Milliarden Dollar) haben korrupte Beamte illegal ins Ausland geschafft. Ranghohe Beamte brachten das Geld in Industriestaaten wie die USA, Kanada und Australien, einfache Beamte in nahe Länder wie Russland und Thailand. Die Milliarden seien in den vergangenen 15 Jahren durch 16 000 bis 18 000 Funktionäre außer Landes geschafft worden." (*Quelle: Agenturmeldung DPA/AFP vom 18.6.2011, abgedruckt in* Der Tagesspiegel *bzw.* Nürnberger Nachrichten)

Die Regierung kämpft gegen die Korruption. „Nur wenige Meldungen aus einer Vielzahl von Berichten: Der ehemalige Chef der Nationalen Nahrungs- und Arzneimittelaufsicht, Zheng Xiaoyu, wurde am 10.7.2007 hingerichtet. Er hatte gegen Schmiergeld ‚Medikamente' zugelassen, die in manchen Fällen den Tod von Patienten verursachten. Das Politbüromitglied Chen Liangyu wurde zu 18 Jahren Gefängnis verurteilt, weil er für die missbräuchliche Verwendung von 33,9 Mrd. Yuan (etwa 3,4 Mrd. Euro) aus der Rentenkasse verantwortlich gemacht wurde." (*Quelle: Der Fischer Weltalmanach 2009, S. 104–105*)

Diebstahl geistigen Eigentums hemmt die Innovationen. Eine „Stimme aus China": „Einer der Mängel des 12. Fünfjahresplanes [2011–2015] wird, wie es bis jetzt aussieht, darin liegen, dass es keine substantiellen Aussagen zu intellektuellen Eigentumsrechten gibt. Chinas Bevölkerungsbonus ist bereits so gut wie ausgereizt, denn das Angebot an Arbeitskräften sinkt schnell. Meiner Meinung nach liegt die nationale Wettbewerbsfähigkeit daher im Wesentlichen in der Erhöhung der Produktivität pro Kopf. Die Steigerung der Wettbewerbsfähigkeit stützt sich aber nicht nur auf Investitionen und systemische Verbesserungen, sie stützt sich auch auf eine Steigerung der Innovationsfähigkeit. Ohne Schutz des geistigen Eigentums werden langfristige Investitionen in die Forschung erschwert. Die erneuerbaren Energien, neuen Materialien und neuen Informationstechnologien haben bereits die kontinuierliche Abkupfer-Mentalität Chinas gefördert. Auch wenn das Abkupfern einen gewissen Beitrag zur chinesischen Wirtschaftsentwicklung geleistet hat, so fehlt doch offensichtlich die Kraft, allein damit das hohe Wachstum der weltweit zweitgrößten Volkswirtschaft zu beflügeln. Meiner Meinung nach können wir, um der wirtschaftlichen Neuorientierung willen, nicht auf den gesetzlichen Schutz und die politische Flankierung der geistigen Eigentumsrechte verzichten, wenn wir nicht auch auf eine Neuausrichtung der technologischen Innovationen verzichten wollen." (*Quelle: http://www.stimmen-aus-china.de/2010/10/25/china-diskutiert-seine-zukunft-neuorientierung-im-12-fuenfjahresplan, 25.10.2010; Zugriff am 21.6.2011.*)

Das eigene Wissen nimmt zu. Von der Nachahmung kann eine Volkswirtschaft angesichts der dynamischen technischen Entwicklung nicht leben. China legt darum großen Wert darauf, die eigene Erfindungskapazität etwa durch den massiven Ausbau der technikorientierten Studiengänge zu vergrößern. Die Erfolge sind beeindruckend. So hat die Zahl der Patente zugenommen; zwar garantiert ein Patent allein noch keinen wirtschaftlichen Erfolg, es braucht unternehmensbezogene Rahmenbedingungen, um Ideen umzusetzen. Aber auch hier holt China auf. Es will nicht nur „Werkbank" sein, also die Ideen anderer in Produkte umsetzen, sondern auch auf der Grundlage eigener Ideen Produktionsprozesse in Gang setzen. In der Weltraumtechnologie hat China zumindest aufgeholt, beim Bau von Hochgeschwindigkeitszügen dürfte das Land inzwischen führend sein. Auf vielen anderen Gebieten ist ein technologischer Gleichstand zu den hochentwickelten westlichen Industriestaaten noch nicht erreicht, doch verringert sich der Abstand rasch.

Wird die Erfolgsstory zur Krise? Wenn man in China rasch Geld verdienen will, investiert man in Immobilien. Ausländische Analysten schätzen, dass Immobilienprojekte 13 % des Bruttosozialprodukts ausmachen. Denn die Preise für Immobilien steigen, und viele Chinesen sind begeisterte Spekulanten und setzen mit Leidenschaft auf unaufhaltsam wachsende Erträge. Schließlich boomt die Wirtschaft, Firmen brauchen neue Büroräume, Unternehmen Fabrikanlagen, und Millionen Chinesen wollen in die Stadt ziehen oder, wenn sie schon dort sind, endlich eine größere Wohnung haben. Wer Geld hat, kauft zum Beispiel eine Wohnung und verkauft sie einige Monate später wieder mit Gewinn. Oft legen ganze Familien zusammen, manchmal wird auf Kredit gekauft. Es scheint der sichere Gewinn zu sein. Aber die Spekulationsblase kann platzen. Manche Immobilien finden schon keine Käufer mehr. In China gibt es regelrechte „Geisterstädte": große Anlagen, deren Investoren sich verspekuliert haben, weil die Wohnungen keine Käufer fanden. Bei den Immobilien geht es nicht nur beim Bau ums Geld. Oft enteignen Behörden Landeigentümer, bezahlen eine geringe Entschädigung und verkaufen dann teuer an Immobilienfirmen. Das führt immer wieder zu Unruhen, die gewalttätig enden. Aber nicht nur auf dem Immobiliensektor droht der Erfolg zum Bumerang zu werden. Die gewaltigen staatlichen Konjunkturspritzen führten nicht nur zu einem Bauboom, sondern auch zu einer Geldschwemme. Im Jahr 2011 stiegen z. B. die Lebensmittelpreise stark an. Das trifft besonders die Armen. Um gegenzusteuern, erhöht die Regierung die Einlagen der Banken und entzieht damit dem Wirtschaftskreislauf Geld. Das Wirtschaftswachstum hat also möglicherweise auch Schattenseiten – keine einfache Situation für eine Regierung, die ihre Akzeptanz auf den wachsenden Wohlstand stützt.

Diebstahl geistigen Eigentums, Produktpiraterie. Erfahrungen der Firma Zimmer, die Anlagen zur Herstellung von Polyester produziert: „Die Firma wurde gezwungen, mit einem staatlichen Design-Institut zusammenzuarbeiten. Dadurch kamen die Chinesen an die Anlagetechnik. Zunächst wurden Maschinen nachgebaut und auf dem chinesischen Markt angeboten. Später vermarkteten die Chinesen das geistige Eigentum der deutschen Firma in Pakistan, Ägypten und der Türkei. Macht eine Firma bei diesem staatlich erzwungenen ‚Wissenstransfer' nicht mit, riskiert sie hohe Verluste auf einem rasch wachsenden Markt. Macht sie mit, riskiert sie langfristig sogar

Alles wird nachgemacht – sogar Papiertaschentücher.

ihre Existenz. Vor Gericht bekommt man trotz vieler sehr guter Gesetze kaum Recht – und wenn, sind die Entschädigungen gering." (*Quelle: Null Abweichungen; Artikel von Wieland Wagner, erschienen im Wochenmagazin Der Spiegel, Nr. 7/2005, 14.2.2005*)

China als Markt für ausländische Unternehmen. „Das Risiko, in China nicht dabei zu sein, ist größer als das Risiko, dabei zu sein", sagte Heinrich von Pierer einmal in seiner Zeit als Siemens-Aufsichtsratschef. Wie recht er damit hatte, zeigen die Erfolge vieler mittelständischer und auch großer Unternehmen, die sich trotz unsicherer Rahmenbedingungen auf den chinesischen Markt gewagt haben: Volkswagen und Audi stützen sich heute stark auf das Chinageschäft. VW verkaufte im Jahr 2010 rund 2 Mio. Fahrzeuge und hielt einen Marktanteil von 20 %, die Produktion soll bis 2015 noch einmal verdoppelt werden. 2011 war China für Audi noch vor Deutschland der weltweit größte Absatzmarkt. Dabei gehen Konzerne teilweise mit mehreren chinesischen Unternehmen Kooperationen ein, wie sich am Beispiel Daimler zeigen lässt: Autos werden zusammen mit BAIC gebaut, Lieferwagen mit Fujian, Elektrofahrzeuge werden mit BYD entwickelt. Siemens wird mit seinen 90 Tochterunternehmen schon fast als chinesisches Unternehmen angesehen. Derzeit sind etwa 4 500 deutsche Unternehmen in China tätig, die insgesamt 18 Mrd. Euro investiert haben. China hat dagegen erst etwa 1 Mrd. Euro in Deutschland investiert.

Wirtschaftliche Dynamik. Der Prozess der Globalisierung hat längst auch China erfasst. War im Perlflussdelta in den 1980er-Jahren die Textilindustrie vorherrschend, verlassen dort längst hochwertige technische Artikel die Fabrikhallen; die Textilindustrie ist in das Binnenland abgewandert. Die hohen Lohnsteigerungen haben nicht nur den Lebensstandard der Chinesen wesentlich verbessert, sondern auch schon dazu geführt, dass Firmen die Fertigung aus China in ein Land mit – derzeit noch – niedrigeren Löhnen verlegt haben, etwa nach Vietnam oder Indonesien. China kompensiert diese „Verluste", in dem es zukunftsfähige Industrien wie die Solarindustrie, Elektroautos und natürlich die Informationstechnologie durch gezielte Förderprogramme unterstützt. Wie die westlichen hochentwickelten Industrieländer setzt auch China auf Innovationen, um im globalen Wettbewerb weiterhin erfolgreich zu sein.

Mercedes gilt neben den Autos der anderen deutschen Firmen Audi und BMW als Premiumfahrzeug – wer einen solchen Wagen besitzt, zeigt seinen hohen wirtschaftlichen Status. Das Bild verdeutlicht aber auch die großen sozialen Unterschiede: die Bäuerin im Vordergrund kann sich ein solches Auto nie leisten, es kostet mehr als sie in ihrem ganzen Leben verdient.

Chinas wirtschaftliche Entwicklung – insgesamt und nach Sektoren

Die Tabelle verdeutlicht anhand von wenigen Daten den enormen wirtschaftlichen Aufschwung, den China vor allem in den letzten Jahren genommen hat. Gleichzeitig verschoben sich die Gewichte der einzelnen Wirtschaftssektoren. Der reale Produktionswert der Landwirtschaft stieg zwar stark an, nahm aber im Verhältnis zum gesamten Bruttoinlandsprodukt ab. Der sekundäre Sektor, die Industrie, behielt seine Vorrangstellung mit knapp der Hälfte des Bruttoinlandsprodukts, spiegelt also das allgemeine Wirtschaftswachstum am deutlichsten. Der große Gewinner ist der tertiäre Sektor, also Handel und Dienstleistungen. Vergleiche mit anderen Ländern sind zwar schwierig, weil die Zuordnung der einzelnen Wirtschaftsbereiche unterschiedlich erfolgt. Doch innerhalb der chinesischen Wirtschaft lässt sich die Entwicklung gut ablesen.

Landwirtschaft: von der Überlebenssicherung zur Vollversorgung

Eine Fahrt durch Chinas Landschaften gleicht einer Reise in die Vergangenheit. Die Felder sind sorgfältig bestellt, ein Bauer stapft im überfluteten Reisfeld hinter einem Büffel her, der einen Pflug zieht, Getreide wird von Hand gedroschen. Trotz dieser scheinbaren Rückständigkeit ist die chinesische Landwirtschaft ungewöhnlich leistungsfähig. Gab es früher immer wieder Hungersnöte, so wird heute eine Bevölkerung ernährt, die mehr als doppelt so groß ist wie noch vor 60 Jahren. Und nicht nur die Menge der produzierten Nahrungsmittel hat zugenommen, auch ihre Qualität ist heute besser.

Chinas Bruttoinlandsprodukt zu laufenden Preisen (also unter Einschluss der Inflation)

	Bruttoinlandsprodukt (Mrd. Yuan)	davon Landwirtschaft Mrd. Yuan (%)	davon Industrie Mrd. Yuan (%)	davon Handel und Dienstleistungen Mrd. Yuan (%)
1990	1 866	506 (27 %)	771 (41 %)	588 (32 %)
2000	9 921	1 494 (15 %)	4 555 (46 %)	3 871 (39 %)
2008	30 067	3 400 (11 %)	14 618 (49 %)	12 048 (40 %)

Quelle: China Statistical Yearbook 2009, S. 37 f.

Die traditionelle Landwirtschaft ohne großen Maschineneinsatz ist noch weit verbreitet. Wie vor Jahrtausenden wird das Feld bestellt.

Wie wichtig das für die Menschen ist, belegt eine alte Frage zur Begrüßung: „Hast du schon gegessen?"

Dabei sind die natürlichen Voraussetzungen für die Landwirtschaft im gesamten Westen Chinas und in weiten Teilen des übrigen Landes alles andere als günstig. Für eine ertragreiche Landwirtschaft stehen nur geringe Flächen zur Verfügung, denn nur ein Zehntel des Staatsgebietes wird agrarisch genutzt. Im weltweiten Maßstab „Ackerfläche pro Einwohner" steht China fast an letzter Stelle. Im Norden herrscht Wassermangel, im Lössgebiet schwemmen die sommerlichen Starkregen immer wieder Hänge ins Tal und zerstören kunstvoll angelegte Terrassenfelder. In vielen Gebieten Südchinas vernichten Überschwemmungen weitflächig die Ernte, zuletzt in den Jahren 2011 und 2010. Umso bewundernswerter sind daher die Leistungen der chinesischen Landwirtschaft.

Reis ist noch immer das Grundnahrungsmittel der chinesischen Bevölkerung.

Chinas Regierung hatte bis in die 1980er-Jahre der Landwirtschaft die Aufgabe zugewiesen, die gesamte Bevölkerung mit billigen Agrarprodukten so zu versorgen, dass keine Hungersnöte mehr ausbrachen – was nur teilweise gelang. Man erlegte den Bauern nach sowjetischem Vorbild hohe Abgabeverpflichtungen zu geringen Ankaufpreisen auf. Damit wurde die wachsende städtische Bevölkerung, und mit ihr vor allem die Industriearbeiter, mit preiswerten Lebensmitteln versorgt, dadurch konnten die Löhne niedrig gehalten werden. Die Produktion stieg durch technische Maßnahmen wie Bewässerung und Anlage von Terrassenfeldern und durch administrativen Zwang, etwa durch Kollektivierung – mit der Beseitigung vieler Gräber in den Feldern. Die Bauern blieben arm, ein kleines Stück Land, das ihnen zur eigenen Nutzung überlassen wurde, verhinderte, dass sie verhungerten. Bis etwa 1980 stieg die Agrarproduktion mengenmäßig an, vor allem bei den Grundnahrungsmitteln.

Der Aufschwung der Landwirtschaft begann mit der Wirtschaftsreform, die Wirtschaftsreform begann mit der Landwirtschaft. Das hatte mehrere Gründe. Zum einen betraf die Landwirtschaft den größten Teil der Erwerbstätigen, um 1980 waren dort noch 80 % tätig. Zum anderen kosteten die Maßnahmen den Staat kaum Geld (im Gegensatz zu den staatlichen Industriebetrieben). Entscheidend war sicher auch, dass die Maßnahmen rasch wirksam wurden, weil die Bauern ihre Produktion viel zügiger als etwa Industriebetriebe umstellen konnten.

Die entscheidende Veränderung war die Abschaffung der Kollektivierung der Landwirtschaft und der Planwirtschaft, in der die Bauern verpflichten waren, ihre Produkte zu niedrigen Preisen abzugeben. Die Bauern erhielten Land zur Nutzung und konnten darauf zunehmend das anbauen, von dem sie sich die höchsten Gewinne versprachen. Rasch kam es zu Produktionssteigerungen, später zur Verlagerung der Produktion auf Erzeugnisse, mit denen man mehr verdienen kann, zum Beispiel Obst oder Blumen. Die Preise richten sich – von Ausnahmen wie für Grundnahrungsmittel abgesehen – nach Angebot und Nachfrage, das fördert die Nachfrageorientierung: Angebaut wird, was sich gut verkaufen lässt. Vom Aufschwung der Landwirtschaft hatten alle etwas: die Bauern, weil sie wesentlich höhere Erträge erzielten, und die Stadtbewohner, weil sich das Angebot hinsichtlich Menge und Qualität umfassend verbesserte.

Die Tabelle verdeutlicht die Entwicklung der Landwirtschaft: Die Produktion der Grundnahrungsmittel Reis und Weizen stagniert im Zeitraum 1990 bis 2008 trotz der Bevölkerungszunahme um 185 Mio., weil sich die Essgewohnheiten geändert haben. Man isst nicht mehr nur, um satt zu sein. Vergleichbar ist dies mit der Entwicklung im Nachkriegseuropa, wo mit wachsendem Wohlstand der Verzehr von Kartoffeln zurückging und die Erzeugung

Der Fleischverbrauch stieg in den letzten Jahren sprunghaft an. Geflügel, wie hier Enten auf einem Teich, ermöglichen dem Landwirt gute Zusatzeinkommen.

von Fleisch und Milch stark anstieg. China ist heute mit Abstand der weltweit größte Fleischproduzent, neben Schweinefleisch wird Geflügel besonders geschätzt. Besonders bei Milch ist die Veränderung von Essgewohnheiten auffallend. Milch und Milchprodukte kannte man früher kaum, noch bis in die 2000er Jahre aßen Chinesen keinen Käse. Die Erzeugung von Obst hilft in vielen Regionen aus der Armut, etwa in Shaanxi. Im ganzen Land kann man eine unglaubliche Vielfalt sorgfältig präsentierter Sorten und Arten preisgünstig kaufen. Mit steigendem Einkommen stieg auch der Genuss

Produktionsmengen ausgewählter Agrarerzeugnisse

	Reis	Weizen	Fleisch	Milch	Obst	Tee
1990	189 Mio. t	98 Mio. t	–	–	21 Mio. t	0,5 Mio. t
2000	188 Mio. t	99 Mio. t	60 Mio. t	9 Mio. t	62 Mio. t	0,6 Mio. t
2008	192 Mio. t	112 Mio. t	72 Mio. t	37 Mio. t	192 Mio. t	1,2 Mio. t

Quelle: China Statistical Yearbook 2010

Teebauern gehören heute zu den wohlhabenden Landwirten. Teilweise stellen sie Arbeiter aus anderen Provinzen ein, damit sie sich auf den Verkauf konzentrieren können.

von Tee stark an, man trinkt jetzt verstärkt grünen Tee statt des „weißen Tees", heißem Wasser. Der Teeanbau ist ein weiteres Beispiel, wie Bauern vom Wirtschaftsaufschwung profitieren. Viele Sorten werden angeboten, die besten zu Preisen weit über denen, die man in Europa für die gleiche Qualität bezahlen muss – es ist also eine Käufergruppe vorhanden, die sich etwa Drachenbrunnentee (*longjingcha*) aus der Gegend von Hangzhou gönnt.

Wie kamen die Produktionssteigerungen zustande? Und: Ist ein Ende abzusehen? Weil die Bewässerung etwa beim Reisanbau entscheidend ist, wurden die Bewässerungsflächen immer weiter ausgedehnt. Heute wird mehr als die Hälfte der landwirtschaftlichen Nutzfläche bewässert. Dies führte zu erheblichen Ertragssteigerungen, vergrößerte aber auch die Abhängigkeit vom Faktor Wasser. In weiten Teilen Nordchinas herrscht Wassermangel, hinzukommt, dass die Bauern die verfügbaren Ressourcen nicht optimal nutzen. Nach chinesischen Angaben beträgt die durchschnittliche Nutzung der Wasservorkommen nur etwa 44 %, gegenüber rund 65 bis über 70 % in den hoch entwickelten Ländern. Chinas Bauern setzen zur Ertragssteigerung vor allem Kunstdünger und Pestizide ein, dazu ständig verbessertes Saatgut. Aber oft wird zu viel des Guten getan, bei Anwendung wissenschaftlicher Methoden kann der Ertrag ohne weitere Erhöhung des kostenintensiven Inputs gesteigert werden. Die Nutzung wissenschaftli-

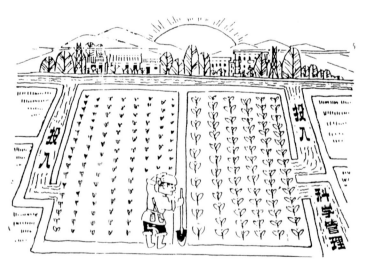

Ertragssteigerung durch Anwendung der Wissenschaft. Die Karikatur soll Bauern anregen, Düngemittel, Pflanzenschutzpräparate und neue Sorten anzuwenden.

cher Erkenntnisse dürfte in Zukunft in erheblichem Umfang beim Anbau gentechnisch veränderter Pflanzen erfolgen, denn auch hier sind große Ertragssteigerungen möglich.

Die chinesische Landwirtschaft setzt zunehmend auf den zukunftsträchtigen Markt biologisch angebauter Produkte. So findet man Obstplantagen, wo jeder einzelne Apfel am Baum in eine Tüte hineinwächst. Das schützt die Früchte vor zu starker Sonnenbestrahlung und verhindert vor allem Insektenstiche und Vogelhiebe, welche die Makellosigkeit der Frucht beeinträchtigen würden. Offensichtlich sind genügend Arbeitskräfte vorhanden, um diesen hohen Aufwand zu betreiben. Wie in hoch entwickelten Industrieländern wirbt man für die Äpfel als Markenprodukt. Die Produktion von Bioerzeugnissen ist so erfolgreich, dass China auch in andere Länder exportiert, wo die einheimischen Bauern die gestiegene Nachfrage nicht mehr decken können.

Die landwirtschaftliche Nutzung ist jedoch gefährdet. Weil die Bevölkerung auf den Dörfern weiter wächst, hat man immer größere Flächen für den Ackerbau erschlossen. Neue Felder liegen an steilen Hängen weit oberhalb des Dorfes, wo sie stark von der Erosion bedroht sind. Kleinste Flächen werden mit der Hacke bearbeitet. Die Felder sind bei den häufigen Starkregen von der Abschwemmung bedroht, an vielen Stellen kann man steile Erosionsrinnen sehen. Die Erträge auf den oft schlechten Böden sind

Bio-Äpfel wachsen in Tüten.

Der Kleintraktor wird auch zum Pflügen des Reisfeldes eingesetzt.

gering und stehen in keinem Verhältnis zum Aufwand. Problematisch ist, dass Anbauflächen vor allem in solchen Gebieten ausgeweitet werden, die wegen ihrer Abseitslage verarmt sind.

Fährt man durch China, fällt auf, wie gering die Mechanisierung ist. Noch am weitesten verbreitet ist ein Kleintraktor, der für fast alles eingesetzt wird, vom Pflügen bis zum Transport von Waren; größere Traktoren sind noch wenig verbreitet. Im Jahr 2010 kamen nur 20 Mio. Traktoren auf 300 Mio. landwirtschaftliche Erwerbstätige, hier besteht also noch viel Potenzial.

Um die Ackerflächen gegen Winderosion und vor dem Zuwehen durch Wüstenstaub zu schützen, hat man in China große Schutzwaldstreifen angelegt. Man spricht von einer „Großen Grünen Mauer", die sich ähnlich der anderen Großen Mauer am Rand der Wüsten und Wüstensteppen hinzieht. Oft sind auch größere Felder von einer Baumreihe umrahmt und damit besonders gut geschützt. Allein im Einzugsgebiet des Gelben Flusses sollen Baumschutzstreifen von 3 000 km Länge und insgesamt 10 km Breite angelegt werden. Jedes Jahr ziehen Hunderttausende in die Aufforstungsgebiete und pflanzen Millionen Bäume. Zwar kann die Wüstenbildung nicht gestoppt werden, doch dürften die Bäume sie zumindest verlangsamen (vgl. Abbildung Seite 56).

Die Forstwirtschaft ist noch nicht sehr auf Nachhaltigkeit ausgelegt. Vor allem in den von Minderheiten bewohnten Gebieten Südwestchinas, aber

Yaks in Tibet.

auch sonst wurde lange Zeit Raubbau betrieben; der Wald schien niemand zu gehören, auch oder gerade weil er offiziell Kollektivbesitz war. Die Regierung gibt seit den 1980er-Jahren die Wälder in die Obhut der Bauern, langfristige Nutzungsverträge sorgen dafür, dass es sich lohnt, Bäume zu pflanzen und vor allem aufzuziehen.

Bei der Größe des Landes ist klar, dass auch die Landwirtschaft regional sehr differenziert ist. Hier kann man auf die Darstellung der „vier Farben" aus dem Kapitel 2 zur Natur zurückgreifen. Nur der östliche Teil Chinas wird wenigstens im Ansatz durch den Ackerbau geprägt. Aus klimatischen Gründen werden dort im „gelben China", d. h. im Norden, Weizen und Mais angebaut, im Süden, dem „grünen China", vor allem Reis, daneben Tee sowie Maulbeerbäume zur Gewinnung von Seide. Der unwirtliche Westen Chinas ist stärker durch die Viehzucht geprägt. Hier sind besonders die Yaks in Tibet bekannt, die eine Viehwirtschaft auf dem Hochplateau erst ermöglichen.

Industrie: Garant des Aufschwungs

Industrieerzeugnisse aus China sind inzwischen weltweit bekannt und geschätzt. Das gilt für die unterschiedlichsten Erzeugnisse, von einfachen Bekleidungsstücken, die noch immer nirgendwo sonst in größerer Menge produziert werden, bis hin zur Informationstechnologie – China stellt die meisten Mobiltelefone der Welt her. Teilweise ist in manchen Branchen das Weltniveau noch nicht erreicht, z. B. bei in China entwickelten Autos, doch arbeitet man daran – auch hier oft mit ausländischer Unterstützung.

Wie leistungsfähig die chinesische Industrie ist, verdeutlichen die Produktionsziffern in der Tabelle. Sie belegen Steigerungsraten, die in den entwickelten Ländern nicht mehr möglich sind und die China bei vielen Erzeugnissen zumindest hinsichtlich Menge oder Stückzahlen als die Nummer eins weltweit ausweisen.

Günstig für die industrielle Entwicklung Chinas ist, dass das Land über reiche Vorkommen der unterschiedlichsten Rohstoffe verfügt. Die Steigerung der Förderung kommt bei Erdöl an die Grenzen, hier muss China schon importieren. Aber Kohle ist genug vorhanden. Obwohl die Erzeugung elektrischer Energie ständig ausgebaut wird, kann der Bedarf nicht vollständig gedeckt werden.

Allerdings führt der steigende Wohlstand zum raschen Anwachsen des Verbrauchs: Immer mehr Menschen können sich eine Klimaanlage leisten, in der Stadt gehört sie schon zum Standard. Da immer mehr dieser energieintensiven Geräte zum Einsatz kommen, ist mit einem weiteren starken Anstieg des Stromverbrauchs allein schon aus diesem Grund zu rechnen. Um den Energieverbrauch zu decken, wurden bisher vor allem Kohlekraftwerke gebaut. Daher ist China heute der global größte Emittent von Koh-

Industrieproduktion ausgewählter Produkte

	Stoffe	Wasch-maschinen	Handys	Farb-fernseher	Autos
1990	18 Mrd. m²	6 Mio.	–	10 Mio.	0,03 Mio.
2000	27 Mrd. m²	14 Mio.	52 Mio.	39 Mio.	0,60 Mio.
2008	71 Mrd. m²	42 Mio.	560 Mio.	90 Mio.	5,03 Mio.

Quelle: China Statistical Yearbook 2009

Förderung und Produktion ausgewählter Produkte

	Kohle	Erdöl	Rohstahl	Zement	Strom
1990	1,0 Mrd. t	138 Mio. t	66 Mio. t	209 Mio. t	621 Mrd. kWh
2000	1,3 Mrd. t	163 Mio. t	128 Mio. t	597 Mio. t	1 355 Mrd. kWh
2008	2,7 Mrd. t	190 Mio. t	585 Mio. t	1 400 Mio. t	3 466 Mrd. kWh

Quelle: China Statistical Yearbook 2009

lendioxid. Weil CO_2 maßgeblich zur weltweiten Klimaerwärmung beiträgt, ist man auf der Suche nach alternativen Energiequellen. Eine davon ist die Kernenergie. Trotz der Reaktorkatastrophe von Fukushima in Japan 2011 wird die Kernenergie ausgebaut. Derzeit produzieren 14 Reaktoren rund elf Gigawatt (GW) elektrischer Leistung, bis 2020 soll die Stromproduktion aus Kernkraftwerken rund 90 GW betragen, insgesamt sind hundert Kernkraftwerke geplant. Als Konsequenz der Katastrophe von Fukushima wird man wohl beim Kernkraftwerk Lianyungang den Schutz gegenüber Tsunamis verbessern, größere Änderungen am Energiekonzept sind aber nicht vorgesehen. Offen bleibt, wie Chinas Öffentlichkeit die Atompolitik bewertet; über sie wird noch wenig diskutiert.

Mit einer Durchschnittsgeschwindigkeit von über 300 km verkehrt auf der Strecke Wuhan-Guangzhou (Kanton) der schnellste fahrplanmäßige Zug der Welt. Hier ein Hochgeschwindigkeitszug auf der Strecke Peking–Shanghai.

Von den erneuerbaren Energien ist derzeit die Wasserkraft am weitesten ausgebaut. Auf dem Land gibt es Zehntausende kleine Kraftwerke für die lokale Versorgung. Bekannt sind Großbauwerke wie der Drei-Schluchten-Damm. Die Zentralregierung fördert den Ausbau der Wasserkraft, ein Beispiel ist die Kraftwerkskaskade von über zwölf Dämmen zur Stromerzeugung am Yalong-Fluss, der aus dem Hochland von Tibet mit einem Gefälle von fast 3 000 m in den Jangtsekiang mündet. Gegen den Ausbau der Flüsse gibt es jedoch teils erhebliche Widerstände, nicht nur in China, wo sie meist regional begrenzt sind. Pläne für den Ausbau des Flusses Nu in Myanmar (Birma) und des Lancang in Thailand haben sogar internationale Proteste hervorgerufen. Die Beispiele zeigen das grundsätzliche Dilemma der Nutzung der Wasserkraft: Dämme sind für die Gewinnung von hydroelektrischer Energie für Millionen Menschen nicht nur in den Ballungsräumen unerlässlich, sie verändern aber bisher naturgeprägte Landschaften teilweise sehr stark und werden daher von der lokalen Bevölkerung oftmals abgelehnt.

Die Industrie ist Chinas derzeit größter Wirtschaftssektor und macht fast die Hälfte des Bruttoinlandsprodukts aus. Sie produziert die Güter, mit denen China weite Teile der Welt versorgt, und sichert Chinas Rang als Wirtschaftsmacht. Anders als die USA oder Großbritannien, welche ihre Wirtschaft zugunsten des tertiären Sektors umstrukturierten, fördert China seine Industrie nicht nur aus wirtschaftlichen, sondern auch aus ideologischen Gründen. Die Kommunistische Partei versteht sich traditionell als Partei der Arbeiter und Bauern, was sich auch in der Parteifahne mit Hammer und Sichel zeigt.

Die Schwerindustrie ist mit über 70 % der industriellen Wirtschaftsleistung noch immer dominierend, doch wächst der Anteil der Leichtindustrie stark an. Die Expansion der Schwerindustrie führte dazu, dass China heute in vielen Bereichen von der Produktionsmenge her global führend ist, z. B. bei Stahl und Zement. Die hohen Steigerungsraten führen allerdings auch dazu, dass Überkapazitäten aufgebaut wurden.

Von der Eigentumsstruktur her sind 70 % aller Betriebe im Besitz von Inländern, davon sind 10 % Staatsbetriebe, rund 30 % reine Privatbetriebe und 30 % GmbHs und AGs. Je ein Zehntel aller Betriebe gehören Unternehmern aus Hongkong und Taiwan, und nur 10 % der Industrieerzeugung erfolgt in ausländischen Firmen. Doch weil die ausländischen Firmen sehr viele Waren exportieren, haben sie am globalen Wirtschaftserfolg Chinas entscheidenden Anteil.

In der Anfangsphase der Volksrepublik wurden bestehende Industrieunternehmen verstaatlicht. Doch die meisten heute bestehenden Betriebe wurden erst nach 1949 durch den Staat, die Provinz, eine Stadt oder eine Volkskommune gegründet. Erst 1984, rund fünf Jahre nach der Reform in der Landwirtschaft, wagte man sich an die Reform der Industrie, die für den Staat mit wesentlich höheren Kosten verbunden war. Außerdem wurden durch den Strukturwandel viele Beschäftigte arbeitslos, und die Regierung musste vorsichtig vorgehen, um Unruhen zu vermeiden. Noch 2010 galten viele Staatsbetriebe als eigentlich bankrott und nur durch Bankkredite am Leben gehalten. Dagegen haben sich die Unternehmen mit mehreren Teilhabern (GmbH, AG) wie auch die reinen Privatbetriebe sehr gut entwickelt.

War früher die Industrie vor allem in den Städten angesiedelt, entstanden seit der Wirtschaftsreform von 1980 auch zahlreiche Betriebe auf dem Land. Ihr Standortvorteil sind die billigen Arbeitskräfte, zudem bieten sie kaum Sozialleistungen und können daher billiger produzieren.

Chinas früher ineffiziente Industrie, die um 1980 meist mit rückständiger Technologie und hohem Einsatz an Arbeitskräften und Finanzmitteln produzierte, hat sehr rasch Anschluss an die technologische Entwicklung gefunden. Das ging nur durch die umfassende Zusammenarbeit mit westlichen Unternehmen. Wer in China etwas herstellen wollte, musste sich den Bedingungen der chinesischen Regierung unterwerfen. Anfangs wollte man nur Gemeinschaftsunternehmen, sogenannte Joint Ventures, zwischen chinesischen und ausländischen Firmen zulassen. Doch nachdem man rasch erkannt hatte, dass rein ausländische Unternehmen meist gewinnbringender arbeiten und sich zudem an die Regierungsvorgaben hielten – von allgemein

Die Ausstattung mit langlebigen Konsumgütern, bezogen auf je hundert Familien
(Stand 2008)

	Ländlicher Raum	Städtischer Raum
Waschmaschine	49	95
Kühlschrank	30	94
Fahrrad	98	(nicht mehr erfasst)
Motorrad	52	21
Mobiltelefon	96	172
Farbfernseher	99	132
Kamera	4	39
Computer	5	59
Klimaanlage	10	100

Quelle: China Statistical Yearbook 2009

üblichen Versuchen, durch Bestechung Vorteile zu erlangen, abgesehen –,
wurden sie allgemein zugelassen.

Chinas Industrie wurde aber nicht nur zur „Werkbank der Welt", sie hat
auch innerhalb kürzester Zeit dazu beigetragen, dass der materielle Wohlstand eines sehr großen Teiles der chinesischen Bevölkerung rasch anstieg.
Das lässt sich gut an der Verbreitung für den Alltag bedeutsamer Industrieprodukte ablesen.

Handel und Dienstleistung: einst verachtet, heute unentbehrlich

Der tertiäre Sektor ist der Wirtschaftsbereich, der seit 1980 am stärksten
gewachsen ist. Das Angebot ist reichhaltig, selbst in einem kleineren Dorfla-
den kann man zwischen mehreren Zahnpastasorten, einer großen Zahl von
Zigarettenmarken und aus vielen Getränkeangeboten wählen – um nur drei
Beispiele zu nennen.

Auf der Straße bieten Bäuerinnen frisches Obst an, die schweren Körbe
an Tragstangen balancierend. Auf dem Markt wählen Kunden sorgfältig und
kritisch Obst und Gemüse aus und feilschen um den Preis. Inzwischen gibt
es in China alle Arten von Einkaufsmöglichkeiten, vom einfachen Laden
bis zum Luxusgeschäft. Auch bei den Dienstleistungen herrscht ein breites
Angebot bei vielfältiger Konkurrenz. Reparaturen an Fahrrädern oder Schuhen lassen sich an vielen Straßenecken erledigen, oftmals kann man auch

Kleidungsstücke fertigen oder umarbeiten lassen. Auch hochwertige Dienste sind in den Städten umfassend verfügbar, von der Gesundheitsfürsorge bis zu den Banken. Nur Rechtsanwälte findet man noch selten.

Chinas Führung fördert den tertiären Sektor aus zwei Gründen: Zum einen verbessert sich dadurch die Lebensqualität der Bevölkerung, weil den Bürgern ein wachsendes Angebot an qualitativ hochwertigen Waren und Dienstleistungen zur Verfügung steht; zum anderen entstehen gerade in diesem Wirtschaftssektor zahlreiche neue Arbeitsplätze, für die in vielen Bereichen keine großen Qualifikationen notwendig sind.

Dass Handel und Dienstleitungen anerkannt werden, ist ein Bruch mit traditionellen wie jüngeren ideologischen Vorstellungen. Denn sowohl von Konfuzius wie von Marx wurden diese wirtschaftlichen Tätigkeiten gering geachtet.

China ist ein Traumland des Service, für seine Bewohner wie für Besucher. Beinahe überall gibt es etwas Leckeres zu essen, die Geschäfte bieten ein umfassendes Warenangebot auch ausländischer Hersteller – aber: Vorsicht vor Fälschungen! –, kleinere Reparaturen von Schuhen bis zu Uhren kann man an zahlreichen kleinen Werkstätten auf der Straße erledigen lassen, und das Angebot an Unterkünften übertrifft oft europäische Standards.

Bauernfrauen bieten in Städten frisches Obst an. Die harte Arbeit bringt einen geringen Zusatzverdienst.

Selbst in kleineren Städten ist das Angebot sehr reichhaltig.

Einkaufsparadies: Werbung in einem Kaufhaus.

6 Leben auf dem Land

Wohlbestellte Felder, Bauern, die reifes Getreide sicheln, verstreut in der Flur liegende Dörfer – das scheinbare Idyll, für manche das „wahre China" und Ausdruck des Fortwirkens seiner vieltausendjährigen Traditionen, trügt. In Wirklichkeit vollzieht sich auf dem Land der größte Strukturwandel der chinesischen Geschichte. Lebten noch 1950 fast alle Chinesen auf dem Land, so ist es heute nur noch die Hälfte. Seit Gründung der Volksrepublik China ist der Anteil der ländlichen Bevölkerung an der Gesamtbevölkerung ständig gesunken, doch erst um die Wende zum dritten Jahrtausend kam es auch zu einer tatsächlichen Abnahme, vorher hatte der Bevölkerungszuwachs den Strukturwandel mehr als ausgeglichen.

Bevölkerungsentwicklung im ländlichen Raum

	Bevölkerung (Mio.)	Anteil der ländlichen Bevölkerung an der Gesamtbevölkerung (%)
1950	500	90
1960	560	83
1970	685	83
1980	795	80
1990	840	74
2000	810	64
2010	700	52

Quelle: China Statistical Yearbook 1996 und 2009, eigene Fortschreibung für 2010; Zahlen gerundet.

Der ländliche Raum im traditionellen China

China war einst ein Land relativ selbstständiger Kreise und Dörfer. Kultur, Handel und Macht konzentrierten sich in den Städten, der Kaiser herrschte, aber die Dörfer blieben von den meisten Entwicklungen unberührt. Die Bauern zahlten Abgaben und lieferten Nahrungsmittel, der Obrigkeit genügte dies. Bei der Größe und räumlichen Differenziertheit des Landes haben sich regional unterschiedliche Hausformen entwickelt, so sind in den Ebenen Nordchinas die Häuser oft nach außen abgeschlossen und regelmäßig angelegt, während die Häuser in Südchina wegen des Reliefs häufiger unregelmäßig gereiht sind. Eine Sonderform sind Höhlenwohnungen in Lössgebieten, eine andere sind die festungsartigen Bauten der Hakka in Südostchina. In den Gebieten der Minderheiten im Norden und Westen zeigen

首 日 封

首 日 封

首 日 封

首 日 封

Wie in anderen Teilen der Welt gibt es auch in China eine Fülle regional unterschiedlicher Baustile.

Steinhäuser mit Gebetsfahnen in Tibet, Pfahlbauten in Yunnan und Jurten der Nomaden kulturelle Eigenständigkeit.

Dennoch sind die Bauernhäuser Chinas funktional überraschend einheitlich. Geomantisch bestimmte Kennzeichen sind die symmetrische Anordnung der Räume und die generelle Ausrichtung nach Süden. Das Hauptgebäude ist dreigegliedert. Ein großer Raum in der Mitte, in den der Eingang führt, ist der Aufenthaltsraum. Von ihm aus führen Türen in die angrenzenden Zimmer, die als Schlafzimmer, Küche oder Lagerraum genutzt werden. Ein größeres Haus hat Anbauten an der Seite. Hier befinden sich z. B. kleine Ställe, und es ist Platz für nicht allzu große Erntemengen. In diesen Anbauten wohnen auch weitere Familienmitglieder, etwa der Sohn mit Frau und Kind. In Nordchina schließt sich an die Gebäude nach Süden hin ein Hof an, der durch eine Mauer abgeschlossen wird. Sie säumen die Straßen dieser Dörfer, von wo aus fast nie ist ein Fenster zu sehen ist: Das Leben der Menschen war nicht auf die Straße, sondern zum Hof ausgerichtet. In Südchina ist das oft anders, hier öffnet sich das Haus zur Straße hin und man kann in den oftmals nach außen offenen Aufenthaltsraum hineinsehen. Weil die Häuser meist sehr klein sind, hat man teilweise die Küche in den Hof verlagert, in der warmen Jahreszeit spielt sich dann ein großer Teil des Lebens im Freien ab. Ein Stall war vor allem für die Schweine notwendig, denn größere Tiere gab es wenig, vor allem keine Kühe als Fleisch- und Milchlieferanten.

Die Gebäude sind eingeschossig, in einigen Gegenden wird der Dachstuhl ausgebaut, in den von den Han bewohnten Gebieten (und das sind die meisten in der dicht besiedelten Osthälfte des Landes) findet sich fast nie ein höheres Gebäude.

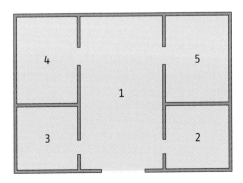

1 Wohnraum
2 Küche
3 Vorräte
4 Eltern
5 Sohn und Schwiegertochter

Grundtyp eines Bauernhofes (Schemazeichnung)

Baumaterial war fast immer Lehm, er wurde mit Häcksel oder Stroh vermischt, um die Standfestigkeit zu erhöhen. Die Masse wurde feucht gerührt und geknetet, dann wurden mit einer Holzschablone die einzelnen Ziegel geformt. Meist trockneten die Ziegel an der Luft, selten wurden sie gebrannt. Gebäude aus diesem Material hielten zwar nicht lange, aber die Bestandteile waren leicht und billig zu beschaffen und auch die Produktion verursachte kaum Kosten.

In der Innenausstattung gibt es Unterschiede zwischen Nord- und Südchina. Im Norden Chinas bildet der *kang*, ein mehrere Quadratmeter großes heizbares Podest, den Mittelpunkt. Tagsüber sitzt man darauf, nachts schläft man auf der warmen Fläche. In Südchina fehlt die Heizung meist ganz oder man begnügt sich mit einem kleinen Ofen.

Auch die Dorfform war relativ einheitlich. Die Häuser standen wegen ihrer Südorientierung in West-Ost-Richtung. Im Dorf gab es einen oder mehrere Tempel, teilweise Ehrenhallen für die einzelnen Familienclans. Sie lagen nicht im Zentrum. Auch ein größerer Platz, der zum Dreschen und als Markt dient, liegt anders als in Europa nicht zentral, sondern am Ortsrand.

Die Wirtschaft eines Dorfes wurde durch den Ackerbau geprägt, Weiden gab es nur in den Steppengebieten bei den Minderheiten, da man kein Land für die Gewinnung von Viehfutter verwendete. Die Hauptanbauprodukte wurden auch durch die natürlichen Bedingungen bestimmt: Weizen, Mais und Hirse im Norden, Reis im Süden. Der Pflug wurde im Norden von Pferd und Maultier, im Süden von Wasserbüffeln gezogen, Arme mussten den Pflug selbst ziehen. Geerntet wurde mit der Sichel und gedroschen mit einer sehr einfachen Drehtrommel, oder das Getreide wurde geworfelt, d. h. die Garben wurden in die Höhe geschleudert, das schwere Korn fiel senkrecht herunter, die leichteren Halme wehte es an den Rand. Fast nie gab es eine Schule, und wer krank wurde, musste zum Arzt in die Kreisstadt.

Die Kreisstadt war Sitz der Verwaltung, hier befand sich auch der Markt, auf dem die Bauern ihre Erzeugnisse verkaufen konnten. In der Kreisstadt konnte man Dinge des täglichen und periodischen Bedarfs einkaufen, z. B. Kleidung oder Werkzeuge. Hier bekam man durch Arzt und Apotheke eine medizinische Versorgung, vielfach hatte man auch schon eine Schule errichtet, die aber nur von wenigen besucht wurde.

Die Verkehrswege waren in China sehr unterschiedlich: Während es in Nordchina für die Fuhrwerke Straßen gab, waren in Südchina viele Dörfer nur durch schmale Pfade mit der Kreisstadt verbunden, Lasten wurden mit dem Schubkarren oder auf Tragstangen befördert. Wirtschaftlich waren die einzelnen Kreise weitgehend autark, es gab kaum Beziehungen untereinander, so kam z. B. bei einer Hungersnot in einem Gebiet von anderen keine Hilfe. Das lag nicht nur an der generellen Armut und an den unzureichenden Verkehrsverhältnissen, sondern auch daran, dass sich die Menschen nicht über ihre unmittelbare Umgebung hinaus verantwortlich fühlten.

Die Sozialstruktur eines Dorfes war durch den Bodenbesitz bestimmt. Wegen der jahrtausendelangen Erbteilung waren die einzelnen Besitzflächen sehr klein, selbst einem „Großgrundbesitzer" gehörten nur wenige Hektar. Bedingt durch die kleinen Flächen genügte schon eine mehrjährige Dürre oder eine Überschwemmung, um eine Bauernfamilie an den Rand des Ruins zu bringen. Teilweise musste dann das Feld verkauft und zurückgepachtet werden, hohe Pachtzahlungen führten zur Verarmung. Die einzelne Familie war in ihren Clan eingebunden, dies gab Sicherheit, verlangte aber auch Unterordnung. Die Clans trugen teilweise untereinander Kämpfe aus, besonders in Guangdong finden sich befestigte Häuser – das Dorfleben war keineswegs ungefährlich.

Nach dem Sturz des Kaisertums im Jahr 1911 brachen in vielen Gebieten Chinas Bürgerkriege aus, die den ländlichen Raum zusätzlich stark in Mitleidenschaft zogen: Den Bauern wurden hohe Abgaben auferlegt, die ihre wirtschaftliche Situation nochmals verschlechterten. Die Idee des Revolutionärs und Reformers Sun Yatsen, dass das Land denen gehört, die es pflügen, wurde nicht umgesetzt: 8 % der Bauern besaßen 70 % des Bodens, schätzungsweise die Hälfte der Bauern waren Pächter oder Teilpächter.

Die sozialistische Umgestaltung des ländlichen Raumes

Die Kommunisten gewannen den Bürgerkrieg unter anderem deswegen, weil viele Bauern sie unterstützten. Wo die Volksbefreiungsarmee einmarschierte, fanden Prozesse gegen die „Großgrundbesitzer" statt. Die ausgebeuteten Pächter und die Kleinbauern brachten ihre Klagen vor, das Gerichtsverfahren endete oft mit der Hinrichtung der bisher so Mächtigen. Fast die Hälfte der Ackerfläche, rund 47 Mio. ha, wurde neu verteilt. Die Bauern erhielten Land, allerdings nur kleine Flächen, denn weit über hundert Millionen Bauernfamilien konnten Anspruch auf Land erheben. Deswegen fielen viele Bauern in eine Subsistenzwirtschaft zurück und produzierten nur für den Eigenverbrauch. Dadurch kamen weniger Nahrungsmittel in die rasch wachsenden Städte, sodass der Aufbau der Industrie gefährdet war. Die Regierung versuchte, die Bauern zur Zusammenarbeit und zur verstärkten Marktproduktion zu bewegen, und erzwang um 1956 die Kollektivierung der Landwirtschaft.

Der ländliche Raum wurde in Volkskommunen gegliedert, die wiederum in Produktionsbrigaden und Produktionsgruppen aufgeteilt waren. Man benutzte die vorhandene Raumstruktur, oftmals wurde der Kreis zur Volkskommune, ihr Sitz war die Kreisstadt. Große Dörfer oder mehrere kleinere Dörfer bildeten sogenannte Produktionsbrigaden, die 30 bis 50 Bauernfamilien etwa eines Dorfes waren zu einer „Produktionsgruppe" zusammengefasst. Die Volkskommunen vereinten politisch-administrative und wirtschaftliche Funktionen, mit ihnen sollten nicht nur wirtschaftliche Ziele wie die Steigerung der Produktion und der Aufbau einer Industrie auf dem Land erreicht werden, sondern vor allem politische: Ein „neuer Mensch" sollte entstehen. Entscheidend war die gemeinschaftliche Arbeit auf den Feldern. Kurzzeitig wurde sogar die Auflösung der Familie propagiert: Die Erwachsenen sollten die ganze Woche in der Produktion arbeiten, die Kinder des Dorfes gemeinsam erzogen werden – Utopien, die kaum realisiert werden konnten.

Die wirtschaftliche Situation verbesserte sich durch den gemeinsamen Ausbau der Infrastruktur. Wo es ging, wurden Wasserläufe aufgestaut und kleine Elektrizitätswerke errichtet, damit war die Nutzung kleinerer Maschinen und die Versorgung der Wohnungen mit elektrischem Licht möglich. Vielfach entstand auch eine Schule im Dorf. Neu waren auch kleine Sanitätsstationen, in denen sogenannte „Barfußärzte" eine medizinische Grundversorgung boten. Die Volkskommune hatte Krankenhaus und Apotheke, in denen neben der traditionellen chinesischen Medizin auch die moderne Medizin und die Behandlungsmethoden der Industriestaaten eingesetzt wurden. Die Kreisstadt erhielt ein kleines Kaufhaus, in dem auch hochwertigere Industrieerzeugnisse zu haben waren. In vielen Volkskommunen gab es Einrichtungen, die sich mit der Verbesserung der Agrarproduktion befassten, etwa indem sie die Eignung von Nutzpflanzen untersuchten oder unterschiedliche Düngemittel und Mittel zur Unkrautbekämpfung erprobten.

Für die Bauern bedeuteten diese Einrichtungen eine Verbesserung ihrer Lage als Dorfgemeinschaft. Die Kommunisten hatten die Macht der Großgrundbesitzer und der Clanführer gebrochen, und sie versprachen den Aufbau einer neuen Gesellschaft. Eine Grundsicherung wurde durch das System der „eisernen Reisschüssel" gewährleistet. Das bedeutet, dass die Gemeinschaft eine materielle Grundversorgung mit Nahrung, Kleidung und Wohnraum garantiert und dafür den Einsatz als Arbeitskraft erwartet. Mit Ausnahme der Funktionäre der Kommunistischen Partei, die auch die administrative Führung übernahmen und große Macht besaßen, entstand auf dem Land eine relativ egalitäre Gesellschaft.

Diese positive Entwicklung wurde durch zwei Faktoren beeinträchtigt. Der eine, systembedingte, war der nach sowjetischem Vorbild durchgeführte Zwang, Agrarprodukte billig an den Staat zu liefern. Die Bauern, offiziell neben den Arbeitern Grundlage des Staates, wurden zugunsten des Aufbaus der Industrie in den Städten ausgebeutet. Der ländliche Raum wurde zwar durch die infrastrukturellen Einrichtungen kollektiv wohlhabender, die einzelnen Bauernfamilien blieben jedoch arm.

Ein anderer Faktor, der sich auf den ländlichen Raum auswirkte, waren staatliche Kampagnen. Der „Große Sprung nach vorn" (ca. 1958–1961) verlangte von den Bauern, auch noch die Grundlagen der Industrialisierung zu schaffen: In hunderttausenden kleiner Hochöfen sollte Stahl erzeugt werden. Als Rohstoff wurde fast alles verwendet, was aus Metall bestand: Gebrauchs- und Kultgegenstände, ja sogar landwirtschaftliche Geräte wurden für die Stahlgewinnung eingeschmolzen. Die Produktion war meist unbrauchbar, wertvolle Materialien, Arbeitskraft und Kapital waren vergeudet worden. Für die Menschen noch gravierender war eine Hungersnot, für die unter anderem die Tatsache ursächlich war, dass die Bauern statt der Feldbestellung die Hochöfen bedienen mussten. Die „Große Proletarische Kulturrevolution" (1966–1976) wirkte sich dagegen im ländlichen Raum positiver aus. Zwar mussten die Bauern viele Städter, von Jugendlichen bis zu Intellektuellen, mit ernähren, die durch eine Kampagne zur „Umerziehung durch die Bauern" aufs Land „hinabgeschickt" wurden und die oft wenig zur Produktionssteigerung beitragen konnten. Aber viele Bauernkinder kamen zum ersten Mal aus der geistigen Enge des Dorfes oder der Volkskommune in andere Gegenden und erfuhren, dass scheinbar unumstößliche Gewissheiten durchaus veränderbar waren.

Die Dorfstruktur wandelte sich nur wenig. Vielfach entstanden neue Häuserzeilen, in denen die wachsende Bevölkerung einfachen, aber zweckmäßigen Wohnraum fand. Tempel wurden oftmals in Versammlungshallen umgewandelt, Parteibauten aus gebrannten Ziegeln errichtet, sie stachen in den Dörfern aus der übrigen Bausubstanz heraus. Für eine grundlegende Umgestaltung fehlte das Geld, so kam es zu keiner Umsiedlung der Bauern aus ihren privat genutzten Häusern in nach städtischem Vorbild errichtete Wohnblocks.

Die Wirtschaft veränderte den ländlichen Raum stärker. Die landwirtschaftliche Produktion stieg durch eine verstärkte Bewässerung, neues Saatgut und eine verbesserte Düngung und Schädlingsbekämpfung. Oftmals wurden die Anbauflächen in Dorfnähe durch die Terrassierung der Hänge ausgeweitet. Neben der Landwirtschaft entstanden kleine Gewerbebetriebe und Manufakturen. Sie produzierten Nudeln und Bohnenkäse, aber auch kleinere landwirtschaftliche Maschinen. Staatliche Industrieanlagen versorgten die Landwirtschaft mit Düngemitteln und Kleintraktoren. Ideologisches Ziel war, dass der ländliche Raum ohne staatliche Unterstützung nicht nur sich selbst versorgte, sondern in immer stärkerem Maße die wachsende Stadtbevölkerung. Als propagandistisches Vorbild der Selbstständigkeit diente das Dorf Dazhai im Lössbergland (vgl. Textbox Seite 152). Nach einem verheerenden Unwetter, das Ackerflächen wegspülte und große Teile des Dorfes zerstörte, hatte Dazhai staatliche Hilfe abgelehnt und aus eigener Kraft den Wiederaufbau geleistet.

Wie bereits erwähnt, war die Sozialstruktur relativ egalitär. Während der Kulturrevolution etwa waren die Arbeitsleistungen so festgelegt, dass jeder ungefähr die gleiche Punktezahl erreichen konnte. Es gab zwar einige Möglichkeiten, sein Einkommen zu erhöhen, etwa indem man ein Schwein hielt oder Enten, aber weil das die meisten taten, entstanden dadurch keine großen Unterschiede. „Arm, aber nicht elend", war ein Schlagwort jener Zeit. Im Vergleich zur Stadt waren die Bauern allerdings stark benachteiligt. Zum einen war ihr Einkommen sehr niedrig, da der Staat durch Abgabeverpflichtungen zu einem von ihm festgesetzten niedrigen Preis Kapital zum Aufbau der Industrie und zur Entlohnung der Arbeiter in den Städten erhielt. Die Bauern bekamen auch keine der vielfältigen Sozialleistungen, welche die Staatsbetriebe in den Städten ihren Arbeitern gewährten.

Entscheidend für die gesellschaftliche Entwicklung war, dass die bisherigen Eliten der Grundbesitzer und Clanoberen völlig entmachtet worden waren. Die neuen Herrscher waren die Parteisekretäre.

Der ländliche Raum im 21. Jahrhundert

Die 1978 begonnene Wirtschaftsreform wirkte sich zuerst im ländlichen Raum aus. Die Volkskommunen wurden 1984 abgeschafft, die Kollektivierung faktisch aufgehoben. Allerdings blieb das Land nach wie vor im Kollektivbesitz, es wurde lediglich den Bauernfamilien zur langfristigen Nutzung überlassen. Die Bauern betrachten aber vielfach das Land als ihr Eigentum, sie errichten z. B. Häuser darauf oder verpachten es. Die Einschränkung der Verfügungsgewalt wird dann wirksam, wenn das Land zugunsten einer anderen Nutzung enteignet werden soll.

Die Entwicklung im ländlichen Raum hing davon ab, ob die Dörfer Zugang zum kaufkräftigen städtischen Markt hatten und ob ein Aufbau industrieller Produktionsstätten in dem betreffenden Gebiet möglich war. Deswegen entwickelte sich der ländliche Raum im stadtnahen Umland völlig anders als in abgelegenen Gegenden.

Der stadtferne ländliche Raum ist noch weitgehend rückständig. In der Landwirtschaft können nur Massenprodukte angebaut werden, weil ein Absatzmarkt für landwirtschaftliche Erzeugnisse, mit denen größere Gewinne erzielt werden können, zu weit entfernt ist. Obwohl der Staat die Ankaufpreise etwa für Getreide mehrfach erhöhte, liegen die Einnahmen in diesen Gebieten weit unterhalb derer im stadtnahen Raum.

Die Dorfstruktur im stadtfernen ländlichen Raum hat sich gegenüber früher wenig verändert. Nur ab und zu wurde ein Haus umgebaut oder vergrößert, meist dann, wenn der in Ballungsräumen arbeitende Wanderarbeiter genügend Geld nach Hause schickte. Daher gibt es auch wenige Neubauten, und es herrscht allgemein Stagnation. Ausnahmen finden sich in Gebieten, die an ein überregionales Straßennetz angeschlossen werden. In kurzer Zeit entstehen dann neue Häuser, werden Gewächshäuser aus Folien errichtet: Durch den Verkehrsanschluss ist es möglich, landwirtschaftliche Erzeugnisse rascher und damit in der erforderlichen Frische auf den städtischen Markt zu bringen. Schnell entsteht auch meist ein Kaufladen mit einer Vielzahl von preisgünstigen Waren für den Alltag; man ist erstaunt, wie viele Getränkemarken oder Zigarettenmarken erhältlich sind. Und bald gibt es ein kleines Restaurant für die Durchfahrenden, oft auch eine kleine Reparaturwerkstätte.

Was sich in fast allen Dörfern geändert hat, ist die Ausstattung der Wohnungen. Ein Farbfernseher und ein Video- bzw. CD-Player sind vielfach Standard. Mobiltelefone sind auch in abgelegenen Gebieten weit verbreitet: Hier hat man eine technische Entwicklung übersprungen, denn der Aufbau eines Festnetzes wäre viel teurer gewesen.

Die Wirtschaft im stadtfernen Raum ist noch immer auf die Landwirtschaft konzentriert. Weil aber viele Männer und junge Frauen abgewandert sind, bleibt die Feldarbeit vielfach an Frauen mit kleinen Kindern und an den Alten hängen. Eine Ausnahme sind Gebiete im ländlichen Raum, in denen Bodenschätze gefunden werden. Dann sind die Dörfer wohlhabend und ähneln denen im stadtnahen Bereich. Deswegen gibt es viele tausend oft illegaler kleiner Kohlegruben, hunderte von Minen, in denen nach Metallen, auch nach Gold geschürft wird. Doch nur die Dörfer mit größeren Minen werden reich.

Die Sozialstruktur ist in diesem Teil des ländlichen Raums durch einen Wegzug der jungen Bevölkerung gekennzeichnet, die als Wanderarbeiter in die Ballungsräume vor allem in den Küstengebieten zieht. Die soziale Differenzierung bleibt gering, sie wird vor allem durch den Geld- und Konsumgütertransfer der jungen Frauen und Männer in ihre Heimat bestimmt. In diesen Räumen leben die Menschen, die auch nach der Statistik der Volksrepublik als arm bezeichnet werden, teilweise herrscht noch Nahrungsmittelknappheit. Die sozialen Spannungen steigen, denn seit dem Ende der „eisernen Reisschüssel" gibt es keine kommunale Grundversorgung mehr. Es fehlen nicht nur Krankenhäuser in der Nähe, viele können sich eine Behandlung gar nicht leisten.

Eine neue Gruppe beginnt, die Sozialstruktur weiter zu verändern: Wo sich neue Erwerbsmöglichkeiten bieten, kehren Wanderarbeiter teilweise zurück. Sie bringen aus der Stadt moderne Wertvorstellungen mit, außerdem viele in der Industrie erforderlichen Fähigkeiten.

Die Abgelegenheit wirkt sich auch bei Naturkatastrophen aus. Die Menschen sind hier wegen ihrer Armut viel anfälliger gegenüber Dürren, Überschwemmungen oder gar Erdbeben. Im Katastrophenfall kann viel Zeit vergehen, bis Hilfe kommt.

Der Staat versucht die sozialen Verhältnisse zu verbessern, indem er die Verkehrsinfrastruktur ausbaut und damit einen leichteren Zugang zum Markt ermöglicht. Hier ist in den letzten Jahren sehr viel geschehen. Zahlreiche Nationalstraßen wurden gebaut, von ihnen zweigen Nebenstrecken zu den einzelnen Dörfern ab. Auch diese Straßen werden zunehmend zu Allwetterstraßen ausgebaut. Wo abgelegene Gemeinden an das überregionale Verkehrsnetz angeschlossen werden, steigt die Wirtschaftskraft. Ein gutes Beispiel sind die Apfelplantagen in der Provinz Shaanxi. Mit dem Bau neuer Straßen und einer Autobahn war es möglich, auch entfernt liegende Märkte zu beliefern. Die Bauern schufen einen Markennamen und sind im Vertrieb sehr erfolgreich.

Der stadtnahe ländliche Raum und der ländliche Raum in den großen Ballungsräumen an der Küste haben sich seit den 1980er-Jahren völlig gewandelt. Es ist die größte Umgestaltung der Dörfer in der chinesischen Geschichte.

Die Dorfstruktur wird durch Neubauten geprägt. Die einzelnen Häuser sind sehr unterschiedlich, je nachdem wie viel Geld zur Verfügung stand oder wie sehr es dem Bauherrn darum ging, seinen Wohlstand zu zeigen oder der Familie ein großzügiges Heim zu schaffen. Meist haben die Häuser nun zwei oder drei Geschosse, der Stil ist oft eine Mischung aus traditioneller chinesischer Architektur und bunt zusammengewürfelten westlichen Stilelementen. Sehr beliebt ist etwa ein Balkon, dessen Geländer durch Säulen in einem der griechischen Stile, etwa dorisch oder ionisch, geprägt ist. In der Nähe von Hangzhou waren z. B. bei den Neubauten der 1990er-Jahre kleine Glastürmchen Mode, die wie Minarette auf die Dächer aufgesetzt waren. Das einheitliche Dorfbild wird aufgelöst, individualisiert und doch durch die jeweilige architektonische Mode gesteuert. Die Behörden versuchen zwar Einheitlichkeit durch Bauvorschriften über Gebäudehöhe, Dachform und Zaun zu erzwingen. Doch die Bauherrn wissen sich zu helfen: Wo der eine ein rundes Dachfenster hat, verwendet der zweite ein rechteckiges, der dritte ein dreieckiges; die Balkone unterscheiden sich ebenso wie die Tore – erzwungene Einheitlichkeit im Gesamtbild, gewollte Differenzierung im Detail.

Die meisten Dörfer im Umland der Städte und teilweise im gesamten Küstengebiet werden modernisiert, indem die Bauern ihre alten Häuser abreißen und neue errichten. In größerer Stadtnähe errichtet man auch ganze Stadtviertel: Gleichförmige, etwa 10- bis 15-geschossige Wohnbauten warten auf Käufer, die entweder aus der Enge der Innenstadt ziehen wollen oder eine Zuzugsgenehmigung in die Stadt haben. Wenn mehrere Bauern sich zusammenschließen und gute Verbindungen zu Maklern und Behörden haben,

Äpfel aus Shaanxi: durch Verkehrserschließung auf den Markt.

Chinas Dörfer wandeln sich rasch und umfassend. Die Einheitlichkeit regionaler Baustile wird durch eine Vielfalt unterschiedlicher Hausformen abgelöst. Sie spiegeln die Individualisierung des Wohlstands wider.

können sie die Bauten selbst errichten und dadurch hohe Gewinne einstreichen. Sehr oft aber wird der Boden den Bauern weggenommen und durch die Gemeinde selbst bebaut, die Entschädigung beträgt meist nur einen Bruchteil der Summe, welche die Gemeinde behält. (Hier ist nach chinesischen Publikationen die Korruption unter den Funktionären – „Kadern"– besonders hoch).

Die Spekulationsfreudigkeit kann aber an ihre Grenzen stoßen. In nicht wenigen Städten finden Wohnungen keine Käufer, die Häuser stehen zumindest eine Zeit lang leer – immer wieder wird vor einer Immobilien-Spekulationsblase gewarnt. Die meisten Wohnungen werden allerdings nach einiger Zeit doch verkauft, wenngleich vielleicht zu einem geringeren Preis.

Die Wirtschaft ist durch eine Differenzierung sowohl innerhalb der traditionellen Landwirtschaft als auch im Aufbau einer Industrie und dem beginnenden Ausbau des tertiären Sektors geprägt. In der Landwirtschaft erfolgte ein umfassender Wandel im Anbau. Statt Reis oder Weizen, mit denen sich nur geringe Gewinne erzielen lassen, wird Gemüse angebaut. Hohen Gewinn werfen auch Blumen ab, daneben Obst. Sehr stark hat man das Angebot an Geflügel (Hühner, Gänse, Enten) ausgebaut, in großen Anlagen werden Schweine gemästet. In der stadtnahen Landwirtschaft ist der Einsatz von Maschinen viel umfangreicher. Besonders der Minitraktor ist beliebt, inzwischen werden auch etwas größere Traktoren eingesetzt. Für große Traktoren, wie sie etwa in Europa und den USA gebräuchlich sind, sind die einzelnen Flächen viel zu klein, zudem arbeiten die Bauern nur ungern zusammen.

Hinzugekommen ist im ländlichen Raum die Industrie. Sie geht weit über die kleinen Anlagen hinaus, die, mehr Manufaktur als Industriebetrieb, früher zur Selbstversorgung des ländlichen Raumes dienten. Diese Industrie hat vier Wurzeln. Zum einen entstanden Betriebe, die von den (ehemaligen) Bauern oder der Gemeinde als Unternehmen im Kollektivbesitz gegründet wurden, andere, meist kleinere Fabriken wurden durch Privatpersonen gegründet. Zusätzlich errichteten Staatsbetriebe Zweigunternehmen, bei denen sie nicht die hohen Sozialleistungen zu tragen hatten. Viertens wurden solche Industriebetriebe aus der Stadt in den stadtnahen ländlichen Raum verlagert, welche die Umwelt stark belasten. Diese Industriebetriebe sind nicht mehr auf den nahen regionalen Markt ausgerichtet, sie agieren national, teilweise sogar international. Damit haben sie gesamtwirtschaftlich stark an Bedeutung gewonnen. Schon in den 1990er-Jahren trugen sie zu mehr als einem Drittel des gesamten Bruttoinlandsprodukts bei und waren auch am Export zu einem Drittel beteiligt. Viele Gemeinden bezogen hohe Einnahmen aus diesen Industriebetrieben und konnten so soziale Einrichtungen ausbauen. Nicht alle diese Betriebe agierten erfolgreich, nach einem Rückschlag, in dem viele von ihnen Bankrott gingen, hat sich die Situation stabilisiert. Dabei kam es zu einer Verschiebung von den kollektiven Eigentümern hin zu privaten.

Neues Wohnviertel als Spekulationsobjekt.

Noch relativ schwach ist der Bereich von Handel und Dienstleistungen vertreten, weil dieser Wirtschaftssektor noch weitgehend auf die Stadt konzentriert ist.

Weil sich auf stadtnahem Areal leicht Bürohäuser, Wohnblocks oder Gewerbegebiete errichten lassen, kommt es sehr häufig zu Enteignung. Das ist in China leicht möglich, denn das Land gehört juristisch dem Kollektiv. Die Behörden können das Land zu gesellschaftlich nutzbringenden Zwecken gegen Entschädigung enteignen. Allein 2003 kam es in China zu 178 000 ungesetzlichen Landkonfiskationen, trotz 127 000 Gerichtsverfahren wurden weniger als tausend Funktionäre verurteilt. Denn mit Enteignungen verdienen die Gemeinden Geld, die Vergabe von Land ist teilweise ihre wichtigste Einnahmequelle. Die Korruption bei der Landenteignung ist oft der Grund für Unruhen.

Die Umwelt ist im stadtnahen Raum weitaus höher belastet als im stadtfernen. Das liegt daran, dass Gemeinden oft Industriebetriebe mit der Zusage anwerben, die Einhaltung der Umweltgesetze nicht allzu streng zu kontrollieren.

War die Gesellschaft seit der Kollektivierung weitgehend egalitär, so kam es nun zu einer sozialen Differenzierung. Wer sich rasch auf die neuen Verhältnisse einstellte, z. B. die Landwirtschaft zugunsten des Transports von Gütern in die Stadt aufgab, wer Enten oder Blumen frisch auf den städtischen

Dazhai: aus eigener Kraft – sich immer wieder den Verhältnissen anpassen

Noch in den 1980er-Jahren war an den Wänden fast jeden chinesischen Dorfes der Ausspruch Maos zu lesen: „Lernt in der Landwirtschaft von Dazhai." Der kleine Ort von nur etwa 500 Einwohnern, fernab in der Provinz Shanxi im unfruchtbaren Lössbergland gelegen, kann als Symbol für die Leistungsfähigkeit und die Anpassungsfähigkeit der Menschen im ländlichen Raum gelten.

Dazhai war ein armes Dorf. Die Menschen lebten in traditionellen Losshöhlen, die als Wohnungen ausgebaut waren. Wirtschaftliche Grundlage war der Ackerbau, der auf Terrassenfeldern erfolgte. Das alles hätte Dazhai nicht berühmt gemacht, wäre nicht noch eine wirklich außergewöhnliche Leistung dazugekommen. Im Jahr 1963 ging über Dazhai ein Unwetter nieder, in nur sieben Tagen fiel der gesamte durchschnittliche Jahresniederschlag. Die mühsam angelegten Felder wurden fortgespült, die Wege zugeschwemmt. Hier wäre staatliche Hilfe wirklich verständlich. Doch Dazhai hielt sich an die politische Weisung der „drei Verweigerungen": vom Staat kein Geld, keine Lebensmittel, kein Material. Der Parteisekretär Chen Yonggui konnte die Bevölkerung des Dorfes zu umfassenden Gemeinschaftsleistungen anspornen: Statt die alten individuellen Häuser wieder aufzubauen oder Wohnhöhlen neu zu graben, zogen die Menschen in neu errichtete Wohnanlagen aus Stein, die kollektiv bewirtschaftete landwirtschaftliche Nutzfläche wurde wieder hergestellt und sogar erweitert, weil man Hänge terrassierte und die Terrassen sogar technisch aufwändig so anlegte, dass man Traktoren einsetzen konnte. Um auch in der Trockenzeit genügend Wasser zu haben, wurde Wasser über ein Aquädukt herangeführt und ein verzweigtes Rohrsystem zu den

Markt liefern konnte, der wurde viel wohlhabender als der, der Bauer blieb. Weil die „eiserne Reisschüssel", also eine wirtschaftliche Absicherung durch das Kollektiv, mit der Wirtschaftsreform wegfiel, wurden die alten Clanstrukturen wieder wichtig, denn sie schützen nun z. B. alte Menschen vor Armut.

Der stadtnahe ländliche Raum erhielt nicht nur Zuzug durch Städter, die in den Vorort zogen, und Wanderarbeiter, die hier wohnten und in den Städten arbeiteten. Es zogen auch Menschen zu, die in den stadtnahen Fabriken Arbeit fanden. Die ehemaligen Bauern, früher selbst durch Abgabeverpflichtungen ausgebeutet, wurden nun ihrerseits zu Unternehmern, die das Überangebot an Arbeitswilligen ausnutzten.

Damit ändert sich auch die Berufsstruktur des stadtnahen ländlichen Raumes. Immer weniger leben von der Landwirtschaft. Die im sekundären Wirtschaftssektor (Industrie) Beschäftigten stellen den größten Prozentsatz

Feldern angelegt. Ein steiler Berg (*hutoushan*, „Tigerkopfberg") wurde mit Obstbäumen bepflanzt. Kollektive Errungenschaften waren eine Schule und Einrichtungen der Gesundheitsfürsorge. Außer der Landwirtschaft (Ackerbau, Obstbau, Bienenzucht, Seidenraupenzucht) reparierte man auch noch landwirtschaftliche Maschinen.

Politisch zum Vorbild erhoben und einige Jahre politischer Wallfahrtsort – mit bis zu 18 000 Besuchern am Tag –, wurde Dazhai nach der Wirtschaftsreform in den 1980er-Jahren verfemt. Vor einem Besuch 1986 fragte ein Pekinger: „Was wollen Sie denn bei denen – die sind politisch tot und wirtschaftlich am Ende." Aber die Einwohner von Dazhai bewiesen, dass sie nach wie vor Ideen haben.

Während der durch Mao geprägten Jahrzehnte war Dazhai eine Tätigkeit außerhalb der Landwirtschaft verboten. Noch in den 1980er-Jahren wandelte sich Dazhai vom Bauern- zum Arbeiterdorf. Man erschloss eine Kohlemine, Bauxit wurde abgebaut, und man gründete ein kommunales Unternehmen, das Textilien und Spirituosen unter dem Markennamen „Dazhai" herstellt und sich – nicht untypisch für China – gegen „Namenpiraterie" anderer Orte mit dem Namen Dazhai zu wehren hat, die vom Ruhm mit profitieren wollten. Auch private Investoren wurden nun aktiv, ganz der politischen Linie entsprechend. Im Jahr 2007 wurde ein buddhistischer Tempel eingeweiht, geomantisch nach der Feng-Shui-Lehre ausgerichtet. Der Bauherr, Inhaber einer Handelsfirma, ist der Sohn der Parteisekretärin, die sogar noch im Volkskongress, dem Parlament in Peking, sitzt, wie J. Erling für seinen Artikel *Von Mao zu Buddha* in der WELT vom 19. September 2011 recherchiert hat. Dazhai setzt auf die wiedererwachte Religiosität und einen wachsenden Fremdenverkehr. Das wäre der dritte Wandel Dazhais, hin zum Dienstleistungsbereich. Auch da wieder vorbildlich.

der Arbeitskräfte. Vorwiegend sind einfache Tätigkeiten gefragt, sie können befriedigt werden, denn dafür reicht der im Vergleich zur Stadt niedrigere Bildungsstand der Beschäftigten.

Die lokalen Eliten haben sich nicht gewandelt, aber ihr Kreis hat sich erweitert. Entscheidend sind noch immer die Funktionäre der Kommunistischen Partei Chinas. Ihre Kreativität und Durchsetzungskraft sind in vielen Fällen entscheidend, wenn es um die Ausweisung von Flächen für Industrieanlagen geht, um die Anwerbung ortsfremder Betriebe und die Unterstützung einheimischer Unternehmer. Ergänzt wird die lokale Herrschaftsstruktur nun durch diese lokalen Unternehmer. Nachdem kommunale und kollektiveigene Fabriken teilweise dem Wettbewerb nicht standhielten, gewannen Privatunternehmen größere Bedeutung, sichern sie doch nun verstärkt durch ihre Abgaben den örtlichen Haushalt.

7 Leben in der Stadt

Das globale China: hochragende Glasfassaden, Kaufhäuser mit dem globalen Angebot, das wie weltweit „Made in China" ist; Verkehrsstau auf der sechsspurigen Stadtautobahn, die Straße geständert in der Höhe des zweiten Stocks; Städter hasten in Textilien internationaler Marken zu Fast-Food-Ketten; nur wenige Viertel sind noch in traditioneller Bauweise, und auch diese vom Abriss bedroht. Die Stadt befindet sich in einem enormen dynamischen Wandel, der die vieltausendjährige Tradition radikal überformt.

Lebten 1950 kaum 10 % aller Chinesen in der Stadt, so war es 2010 rund die Hälfte, und täglich werden es mehr. Bis vor zehn Jahren hatte man versucht, den Zuzug in die Städte administrativ zu begrenzen, ja zu verhindern. Der entscheidende Zuwachs kam durch das Wirtschaftswachstum, als man

Bevölkerung des städtischen Raums

	Bevölkerung in Mio.	Anteil an der Gesamtbevölkerung (%)
1950	50	10
1960	117	17
1970	144	17
1980	191	20
1990	302	26
2000	460	36
2010	610	48

Quelle: China Statistical Yearbook, verschiedene Jahrgänge; für 2010 eigene Berechnung.

immer neue Arbeitskräfte brauchte. Noch ist nicht abzusehen, wie viele der 200 Millionen Wanderarbeiter (Stand um 2010) letztlich endgültig in der Stadt bleiben, doch dürften viele hier eine neue Heimat gefunden haben.

Wie in vielen Gegenden der Welt wird das urbane Leben im ganzen Land als Vorbild angesehen, weil es nicht zuletzt durch das Fernsehen landesweit als Normalfall verbreitet wird.

Die Stadt im traditionellen China

Bereits vor 4 000 Jahren entstanden in China die ersten Städte, vor 2 500 Jahren bereits größere. Städte waren in erster Linie Verwaltungszentren, wegen der sicheren Lage entwickelten sich dort auch Handel und Gewerbe. Die chinesische Stadt ist ein eigenständiger Stadttypus, der in der Gegend des heutigen Xian entstand und bis ins 20. Jahrhundert beibehalten wurde.

Die Stadt wurde (wie das Dorf) nach geomantischen Prinzipien angelegt. Die Häuser waren nach Süden ausgerichtet, damit war die ganze Stadt nach Himmelsrichtungen orientiert.

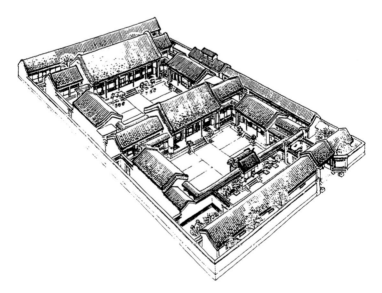

Das typische Haus in Nordchina ist der Vierseithof (Siheyuan).

Das einzelne Haus war Teil einer größeren Anlage. Die Häuser waren trotz ihrer unterschiedlichen Funktionen (Wohnhaus, Empfangshalle im Kaiserpalast) meist nur eingeschossig, nur die Handelshäuser hatten zwei Geschosse. Das Haus bestand aus einer Holzkonstruktion, die Wände hatten kaum eine tragende Funktion. Das hierarchische Prinzip wirkte sich selbst hier aus: Die Dachziegel des einfachen Bürgers mussten grau sein, gelbe Ziegel blieben dem Kaiser vorbehalten. Wie im Dorf öffnete sich das Haus zu einem Hof hin, nach außen hin blieb das Haus abgeschottet, die Straßenfront bildeten bis auf ein Tor nur fensterlose Mauern. Betrat man die Anlage, stieß man auf eine querstehende Mauer, die böse Geister abhalten sollte. Man musste abbiegen (was der böse Geist nicht kann), um in den Hof zu kommen. Im größten Gebäude (auf der Skizze ganz hinten), wohnte das Familienoberhaupt, dort befindet sich auch der größte Raum. Er bildet den Mittelpunkt des Hofhauses, von ihm aus können Zimmer betreten werden.

Die Ladengeschäfte waren früher die einzigen zweigeschossigen Häuser in der Stadt. Nur das Haus in der Mitte mit dem gelben Ladenschild ist noch original, beim Haus rechts daneben wurde im „traditionellen Baustil" aufgestockt. In touristischen Zentren wie hier in Xian bleiben solche Geschäfte in der Innenstadt erhalten, in den meisten Städte werden sie abgerissen und durch Hochbauten ersetzt, um die knappe Fläche besser zu nutzen.

Senkrecht zum Hauptgebäude befinden sich an der West- und Ostseite der Anlage weitere Räume. Die zweite Hofanlage auf dem Bild wurde vom ältesten Sohn bewohnt, man hatte den Gebäudekomplex erweitert, indem nach demselben Schema neue Gebäude angefügt wurden.

Solch eine ummauerte Wohnanlage bildete die kleinste Zelle der Stadt. Mauern grenzten auch die einzelnen Stadtviertel gegeneinander ab. Schließlich war auch noch die ganze Stadt von einer Mauer umgeben. Die einzelnen Häuser unterschieden sich nicht sehr voneinander, anders als in Europa gab es keine Bestrebungen, durch individuelle Gestaltung aufzufallen. Das galt auch für die Geschäftshäuser, die Laden, Werkstatt, Lager und Wohnräume des Besitzers vereinten. Die Ladengeschäfte sind als einzige zur Straße hin offen und stehen in langen Zeilen beieinander.

Palastviertel unterscheiden sich von den Vierteln der Untertanen nur durch eine großzügigere Anlage, das System ist dasselbe. So sind auch im Kaiserpalast in Peking alle Gebäude nur eingeschossig, auch herausgehobene Bauten, die als Hallen die übrigen Häuser überragen.

Der Grundriss der Stadt war ebenfalls genau geregelt. Kennzeichnend ist die Regelmäßigkeit der Anlage. Die Stadt wurde durch zwei senkrecht

Der Kaiserthron in Peking: Die staatsrechtlich wichtigsten Gebäude im Kaiserpalast sind die „Hallen der Harmonie". In ihnen stand der Thron des „Himmelssohnes". Aber selbst diese Gebäude waren nur eingeschossig.

aufeinander stehende Hauptachsen gegliedert, die zu den vier Toren führte. Größere Städte hatten natürlich mehr Tore, Peking sogar über zwölf. Die Ausrichtung nach Süden bestimmt nicht nur die Anlage des Hauses oder des Palastkomplexes, sondern die der ganzen Stadt. So ist die Nord-Süd-Achse die wichtigere, das Haupttor der Stadt öffnet sich nach Süden.

Die Städte in Zentral- und Südchina sind nicht so regelmäßig wie die im Norden, was meist durch naturgeographische Zwänge wie Flussläufe, Kanäle oder Hügel bedingt ist. So wird die Altstadt Shanghais von einer ringförmigen Straße begrenzt, deren Verlauf die frühere Stadtmauer nachzeichnet. Das Grundprinzip der Regelmäßigkeit wurde dennoch meist angestrebt.

Wo sich die beiden Hauptachsen treffen, lagen entweder der *Yamen* als der Verwaltungssitz (in Kaiserstädten der Palast) oder standen die beiden Türme der Zeitangabe, der Trommelturm und der Glockenturm. Die Glocke schlug tagsüber alle zwei Stunden die Zeit, Trommelschläge gliederten von sieben Uhr abends bis fünf Uhr früh alle zwei Stunden die Nacht.

Im Zentrum der Stadt lagen auch der Tempel des Stadtgottes und der Konfuzius-Tempel, nicht aber der Markt. Das zeigt die geringere Bedeutung des Handels nach der konfuzianistischen Ethik.

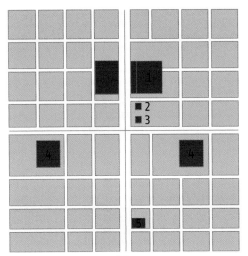

1 Verwaltung, Herrschaft (Yamen, Palast)
2 Glockenturm
3 Trommelturm
4 Markt
5 Tempel

Südtor

Die chinesische Stadt ist (wie das Dorf) nach geomantischen Vorstellungen aufgebaut. Wichtigste Kennzeichen sind die Orientierung nach dem Glück verheißenden Süden und die zentrale Lage der Verwaltung, nicht des Handels.

Blick vom Trommelturm zum Glockenturm. In Peking liegen, anders als etwa in Xian, die Türme nicht im Zentrum, sondern nördlich des Kaiserpalastes.

Die Stadt besaß wenige Grünanlagen, denn das Haus war der Mittelpunkt des Alltagslebens, hier standen auch einige kleine Bäume. Chinesische Gärten finden sich besonders am Unterlauf des Jangtsekiang (Wuxi, Suzhou, Shanghai), sie waren ursprünglich Privatgärten.

Der Aufriss der Stadt war ebenfalls genau geregelt. Wegen der zahlreichen Vorgaben und der Ausrichtung des Lebens auf den Innenhof war der Aufriss einer chinesischen Stadt sehr einheitlich. Die geraden Straßen der Wohnviertel wurden von Mauern gesäumt, waren abweisend und nur für den Verkehr bestimmt. Das Geschäftsviertel war gegenüber den Wohnquartieren leicht zu erkennen: Die Gebäude waren zweigeschossig und öffneten sich zur Straße hin. Die Stadtmauer mit ihren Türmen überragte die Stadt, kein Gebäude durfte höher als die Mauer sein. Wenn man sich einer Stadt in China näherte, konnte man Mauern und Türme, nicht aber Gebäude sehen. Eine Ausnahme bildeten wenige Pagoden sowie der Trommel- und der Glockenturm.

Der Verkehr in der Stadt wurde durch Pferde- und Maultiere besorgt, die zweirädrige Karren zogen. Vielfach waren die Straßen so schmal, dass Lasten nur mit dem Schubkarren oder mit der Tragstange befördert wurden. Mit der Rikscha konnte ein Mann einen oder zwei Menschen relativ rasch voranbringen, viel rascher als in einer Sänfte, die vielfach in Gebrauch war.

Die Wirtschaft der Stadt wurde durch Handwerk und Handel geprägt. Weil die Bauern unter anderem Abgaben an die städtischen Grundbesitzer leisten mussten, war die traditionelle Stadt nach kommunistischer Auffassung eine „Konsumentenstadt", die wenig für das Land leistete, die aber dessen Ressourcen verbrauchte.

Die Sozialstruktur der Stadt war durch krasse Gegensätze zwischen arm und reich und einen mehr ideologisch bedingten Unterschied innerhalb der Stadtelite geprägt. Reiche Kaufleute und wohlhabende Handwerker waren gegenüber den Taglöhnern, Dienerinnen und Dienern sowie einfachen Arbeitern in der Minderheit, doch wie in Europa regierten sie die Stadt. Innerhalb der Oberschicht standen die Beamten in der konfuzianistischen Hierarchie an erster Stelle, doch in der Praxis hatten die Kaufleute trotz ihres hierarchisch niedrigen Ranges wegen ihres Kapitals und ihrer weitreichenden Handelsbeziehungen großen Einfluss. Der Einzelne war vollkommen in die Hierarchie seiner Familie eingebunden, und diese wiederum in die Rangordnung des Clans.

Die sozialistische Umgestaltung der Stadt

Die kommunistische Regierung vergrößerte das Verwaltungsgebiet einer Stadt. Es umfasst neben der eigentlichen Stadt noch das gesamte umliegende, sehr oft noch ländlich geprägte Gebiet, in dem es weitere Städte gibt. Für diese Ausweitung können zwei Gründe ausschlaggebend sein:

- Die Zuordnung des gesamten Umlandes machte aus der „Konsumentenstadt" eine „Produzentenstadt", die sich selbst versorgt und noch Leistungen für das Umland erbringt, ideologisch also weit besser als vorher den marxistischen Vorstellungen über die Bedeutung der Produktion entspricht.
- Pragmatisch hat durch diese Zuordnung die Zentralstadt viel leichter Zugriff auf Waren, Dienstleistungen und besonders Flächen des Umlands, um ihren Bedarf etwa an Wohnraum oder an Industrie- und Gewerbegebieten zu decken.

Einwohnerzahlen chinesischer Städte

	Kernstadt ("eigentliche Stadt")	Offizielles Stadtgebiet Einwohner/Fläche
Peking	7,8 Mio.	13,0 Mio./16 800 km²
Shanghai	13,8 Mio.	13,9 Mio./6 300 km²
Chongqing	4,6 Mio.	32,5 Mio./82 000 km²
Kanton	3,1 Mio.	7,8 Mio./7 400 km²
Chengdu	3,9 Mio.	11,2 Mio./12 100 km²
Tjanjin	3,7 Mio.	9,7 Mio./12 000 km²
Harbin	3,4 Mio.	9,9 Mio./53 800 km²

Quelle: China Statistical Yearbook 2009, Zahlen gerundet

Die Tabelle verdeutlicht, dass diese Zuordnung recht unterschiedlich ausfiel; die administrative Stadtfläche von Chongqing entspricht fast der Österreichs, die von Peking immerhin noch der des Freistaats Sachsen. Auch das Verhältnis von Kernstadt und Gesamtstadt differiert bei der Einwohnerzahl erheblich.

Bei der Analyse der Stadt beschränken wir uns auf die Kernstadt, denn nur sie ist die Stadt im engeren Wortsinn.

Das traditionelle Haus blieb weitgehend erhalten. Es war Privateigentum, und weil es selbst genutzt wurde, war es nach marxistischer Auffassung vor der Kollektivierung geschützt. Armut der Hausbesitzer und Mangel an Baustoffen führten dazu, dass viele Häuser in den Städten verfielen. Während der Kulturrevolution verschlechterte sich die Wohnsituation in den alten Hofhäusern drastisch. Um die alten Familienstrukturen zu zerstören, zwangen die Behörden (gesteuert von den Roten Garden) die Großfamilien, mehrere Familien zusätzlich aufzunehmen. Weil dadurch Platzmangel herrschte, überbaute man die Höfe.

Wie in anderen sozialistischen Staaten sanierte der Staat nicht die bestehende Bausubstanz, sondern verwendete die knappen Mittel zum Bau von Wohnblocks in Gemeinschaftseigentum, nach dem *Danwei*-Prinzip stellte meist der Betrieb die Wohnungen. Für die Miete mussten die Werksangehörigen meist nur 5 % des Einkommens ausgeben, auch Wasser, Strom und Heizung waren sehr preiswert. Allerdings waren die Wohnungen sehr klein, man durfte nur Neonlicht nutzen, und geheizt wurde nur wenige Stunden des Tages. Diese neuen Wohnblocks waren architektonisch sehr unterschiedlich gestaltet. Teilweise wurde das sowjetische Superblock-System übernom-

Alte Hofhäuser in Peking, die ursprünglichen Höfe sind überbaut. Diese Gebiete werden zunehmend saniert: durch Abriss und neue großzügige Hochbauten.

men, bei dem große Wohnblocks Innenhöfe umrahmen, der Superblock wird durch ein kleines Kaufhaus mit dem für den Alltag Notwendigen versorgt. Teilweise übernahm man westliche Planungsideen von einer möglichst vielfältigen Anordnung der Wohnblocks. In den späten 1960er-Jahren wurden die billigen Mieten durch eine starke Reduktion der Baukosten und des Komforts erreicht, wie das Beispiel eines Wohnblocks in Peking verdeutlicht: Eine Wasserstelle mussten sich zwölf Familien teilen, es gab keine Küche, gekocht werden musste auf dem Balkon – auch im Winter, bei bis zu -25° C –, und die Toiletten wurde als eigenes Gebäude für den ganzen Wohnblock errichtet.

Die meisten Gebäude wurden wie in anderen sozialistischen Staaten in Plattenbauweise errichtet, ganze Stadtteile sahen gleich aus. Ziel war nicht architektonische Gestaltung, sondern Zweckmäßigkeit. Die kleinen Wohnungen bekamen oftmals einen Balkon, den viele Mieter durch Glasfenster in ein weiteres Zimmer verwandelten.

Der Grundriss der Stadt änderte sich innerhalb kurzer Zeit. Waren noch bis 1950 vielfach die alten Stadtmauern erhalten und kaum neue Baugebiete

Die Rechtslage ermöglicht es, großflächig zu sanieren. Die niedrigeren Wohnblocks im Hintergrund entstanden im Rahmen der sozialistischen Überformung, die Hochbauten nach 1980.

außerhalb der Umwallung entstanden, so dehnten sich nun die Städte durch die zahlreichen Neubauten stark aus. Neben der flächenhaften Erweiterung veränderte sich der Grundriss vor allem in den alten Stadtteilen durch großzügige Verkehrseinrichtungen und weitflächige Platzanlagen. Man brach (wie in Westeuropa im 19. Jahrhundert) die Stadtmauern ab, um an ihre Stelle Ringstraßen anzulegen. Sie wurden, anders als in Europa – etwa in Wien –, nicht für repräsentative Bauten genutzt, sondern dienten als eine Art Stadtautobahn. Großzügige Durchgangsstraßen wurden als Schneisen in die alte Bausubstanz angelegt, in den neuen Wohnvierteln plante man sie gleich mit ein: zentral oftmals vier Spuren für den Autoverkehr, dazu an jeder Seite eine breite Straße für Fahrräder, dann ein baumbestandener Grünstreifen und schließlich noch jeweils ein breiter Bürgersteig. Eine Straße wurde – wie etwa in der Sowjetunion – zum breiten Boulevard ausgebaut, auf dem die „Volksmassen" bei den Demonstrationen zum 1. Mai oder zum Gründungstag der Volksrepublik (1. Oktober) jubelnd an den Parteiführern vorbeidefilierten.

Tiananmen-Platz in Peking: Ursprünglich Aufmarschplatz, heute touristisches Zentrum mit hoher politischer Sensibilität.

Das sei am Beispiel Pekings verdeutlicht. Die alte Stadtmauer wurde bis auf wenige Reste abgebrochen und an ihrer Stelle eine Ringstraße angelegt. Die große Aufmarschstraße, die Changan, zieht sich in West-Ost-Richtung, und damit bewusst senkrecht zur bisherigen Hauptachse, fast 40 km durch ganz Peking, sie ist in der zentralen Mitte vor dem Kaiserpalast besonders ausgebaut. An dieser neuen Achse reihen sich zahlreiche bedeutende Gebäude, z.B. der Regierungssitz Zhongnanhai, die Nationaloper, der Kulturpalast für Nationale Minderheiten, das Chinesische Kunstgewerbemuseum und das Militärmuseum. Der Changan-Boulevard führt südlich am Tor des Himmlischen Friedens (Tiananmen) vorbei und trennt den Palast von einem der größten Plätze der Welt, dem „Platz des Tores des Himmlischen Friedens" (Tiananmen Guangchang). Um einen Platz für Massenaufmärsche zu haben, wurde die Fläche in den 1950er-Jahren um das Vierfache auf 44 ha vergrößert: Der ganze Vatikan hätte in ihm Platz. Um die Bedeutung dieses Platzes zu verstärken, liegen an ihm das Parlament (Volkskongress) und

Öffentliche Parkanlagen sind nicht nur wegen der beengten Wohnverhältnisse ein beliebter Aufenthaltsort. Man trifft sich zu gemeinsamen Unternehmungen, z.B. wird sehr viel getanzt. Hier pflegt eine Gruppe Frauen in farbenfrohen Anzügen traditionelle Schwertübungen.

das Nationalmuseum, auf dem Platz selbst befindet sich das „Denkmal der Volkshelden", alles Bauten aus den 1950er-Jahren.

Weil der Wohnraum sehr beengt ist, kommt den Parks eine große Bedeutung zu. Sie wurden in den Städten angelegt und dienen vielen Menschen zur Erholung und zu aktiver Freizeitgestaltung. So sieht man immer wieder ältere Menschen, die langsam Tai-Chi-Bewegungen fast zelebrieren, mit Schwertern traditionelle Kampfschritte vorführen, mit Pinsel und Wasser rasch vergängliche Schriftzeichen in wundervoller Kalligraphie auf die Parkwege zeichnen – kritisch vom Publikum kommentiert. Vielfach treffen sich auch Paare, um zu Musik aus dem CD-Player zu tanzen.

Eine wesentliche Veränderung des Stadtgrundrisses entstand durch den Bau großer Industrieanlagen. Nach Auffassung der Kommunistischen Partei Chinas zur Zeit Mao Zedongs sollte der Betrieb, in dem jemand arbeitete, auch für das gesamte Lebensumfeld zuständig sein. Die *Danwei*, die kleinste Einheit nach der Familie, bot den Arbeitsplatz, sorgte für die Wohnung, für Schule, Kindergarten und Krankenbetreuung sowie für die Freizeitgestaltung. Der Betrieb band den Einzelnen viel stärker als früher der Clan ein.

Der Betrieb kümmerte sich um fast alles, verlangte dafür aber auch Einordnung – die schon von der konfuzianistischen Ethik gefordert wurde. Diese Zuordnung der sozioökonomischen Bereiche des Arbeitenden zu seinem Unternehmen hatte große räumliche Auswirkungen. Um den Industriebetrieb entstanden, oft flächenmäßig größer als das Unternehmen selbst, Wohnanlagen, Freizeiteinrichtungen, Kindergärten, Schulen und Krankenhäuser. Bei Großbetrieben wie z. B. Stahlwerken entstand so ein ganzer Stadtteil.

Der Aufriss der chinesischen Stadt wurde in der Periode der ideologischen Gestaltung der Stadt ebenfalls verändert, aber nicht stark, sieht man von der flächenhaften Erweiterung durch neue Stadtviertel mit gleichförmigen Wohnblocks ab. Bewusste vertikale Akzente setzten Bauten, die das „neue China" symbolisieren sollten. Das waren Bauten der Verwaltung, Museen oder Bildungseinrichtungen. Sie sind meist im klassizistischen sowjetischen Stil gehalten, das Landestypische an ihnen beschränkt sich auf einen geschwungenen Dachaufsatz aus chinesischen glasierten Ziegeln. In der Innenstadt kam es zu einer Abnahme der kleinen Ladengeschäfte, in ganzen Straßenzügen wurden die Läden zu Wohnungen umgewandelt. Im Zuge der Kollektivierung bzw. Verstaatlichung konzentrierte man die Versorgung in Kaufhallen. Vertikale Akzente in der Innenstadt setzten die Schornsteine kleiner Fabriken, die man oft mitten in Wohnvierteln angelegt hatte. Während in der bis 1950 bebauten Fläche nur wenige Bauten wie Verwaltungsgebäude oder Hotels die traditionell eingeschossigen Bauten überragten, umschlossen die Neubauten in den Außenbezirken mit ihren meist sechs- bis achtgeschossigen Wohnblocks wie eine Mauer die traditionelle Stadt.

Die Wirtschaft wurde bis etwa 1980 durch die Umwandlung einer vorwiegend durch Verwaltung, Manufakturen und Handel geprägten Stadt zu einer Industriestadt bestimmt. Die Produktionsbetriebe reichten von kleinen Manufakturen (die dennoch „Fabrik" hießen), in denen z. B. Frauen Papierschachteln herstellten, bis zu riesigen Kombinaten der Schwerindustrie, in denen Stahlbleche produziert oder Eisenbahnwaggons gebaut wurden. Der Ausbau der Industrie ging mit einem Abbau des Handel- und Dienstleistungssektors einher. Das war nicht zuletzt ideologisch begründet: Sowohl Konfuzius wie auch Marx hielten wenig vom Kaufmann, weil er nichts produziert. Die Bedeutung von Beschaffung, Kundenorientierung und umfassender Versorgung wurde nicht erkannt.

Die Sozialstruktur der Stadt änderte sich ebenfalls grundlegend. Die alte Herrschaftsschicht aus Beamten, wohlhabenden Kaufleuten, erfolgreichen Handwerkern, Unternehmern kleinerer und größerer Fabriken und Clanoberen war beseitigt worden, die neue bestand aus den Funktionären der Partei. Offiziell waren jedoch die Arbeiter die herrschende Klasse. Diese hatte auch tatsächlich zahlreiche Vergünstigungen, vergleicht man etwa die Leistungen der Allgemeinheit für die Arbeiter mit denen für die Bauern. Arbeiter bekamen von ihrem Betrieb billigen Wohnraum, in betriebseigenen Läden konnten sie preisgünstige Lebensmittel erwerben, über ein Zuteilungssystem erhielten sie Stoffe und Bekleidung. Für die Versorgung im Krankheitsfall war oftmals wenig zu bezahlen, Freizeiteinrichtungen für alte Menschen schenkten z. B. kostenlos Tee aus. Arbeiter wurden nicht entlassen, auch wenn der Betrieb keinen Gewinn erzielte. Weil die Preise weitgehend stabil blieben, nahm man selbst geringfügige Lohnerhöhungen als wesentliche Verbesserung wahr. Die städtische Durchschnittsfamilie sparte auf vier Artikel, deren Besitz Wohlstand bedeutete: Fahrrad, Nähmaschine, Radio und Armbanduhr.

Das Mausoleum für den Großen Vorsitzenden Mao Zedong wurde ein Jahr nach seinem Tode errichtet und bildet den Übergang zwischen der sozialistischen Umgestaltung und der folgenden auf die Wirtschaft orientierten Periode. Der Bau ist in einem klassizistischen Stil mit zahlreichen chinesischen Elementen gehalten und entspricht in seiner Monumentalität den übrigen Bauten auf dem Platz des Himmlischen Friedens. Gleichzeit beginnt mit diesem Bau die Verkleinerung des Aufmarschplatzes – man verzichtet auf Massenkampagnen.

Die soziale Situation wurde immer wieder durch Kampagnen erschüttert, die die Stadtbewohner wesentlich stärker als die Menschen auf dem Land trafen. Stadtbewohner waren durch die Macht der *Danwei* ihres Arbeitsplatzes viel abhängiger, und sie hatten auch viel mehr zu verlieren als die Bauern, die faktisch sowieso schon am unteren Ende der gesellschaftlichen Skala standen. Waren durch die Gründung der Volksrepublik in den 1950er-Jahren die alten Eliten entmachtet, so hatte die Kulturrevolution (1966–1976) das Ziel eines völligen Umsturzes der alten Verhältnisse. Nahezu in allen führenden Stellen in allen Einrichtungen, von der Schule über die Arbeitsstelle bis zur Wohnungsverwaltung, wurden die Amtsinhaber beschuldigt, gedemütigt, entlassen, oft misshandelt, auch getötet. Auch in der Kommunistischen Partei führte die Kulturrevolution zur weitgehenden Entmachtung der bisherigen Funktionäre. Sie wurden wie z. B. Intellektuelle und Jugendliche zur „Erziehung durch die Bauern" aufs Land geschickt. Teilweise wurde eine Umkehrung der Hierarchien verfügt: Ärzte sollten im Krankenhaus die Toiletten putzen, die Reinigungskräfte, beflügelt durch die „Mao Zedong-Ideen", medizinische Behandlungen durchführen. Vor allem Intellektuelle wurden als „stinkende neunte Klasse" gebrandmarkt, sie standen noch unter den Landbesitzern und Kapitalisten. Schulen und Universitäten wurden zeitweilig geschlossen. Die unterschiedlichen Kampagnen führten dazu, dass man schon zufrieden war, wenn man selbst nicht betroffen war oder mit geringen Verurteilungen wie z. B. der Einweisung von zwei Familien in die eigene Wohnung davonkam.

Die chinesische Stadt im 21. Jahrhundert

Im Zentrum der Großstädte und in den neu angelegten Subzentren sind es manchmal nur die Schriftzeichen, die darauf hinweisen, dass man in China ist. Hier findet sich eine faszinierende Vielfalt architektonischer Einfälle und individueller Bauwerke, darunter hochaufragende Türme in Bambusform oder als technische Meisterleistung eine gigantische Brücke wie der CCTV-Tower des staatlichen Fernsehens in Peking. Und nicht nur die Gebäude sind Teil der globalen architektonischen Avantgarde, auch das Warenangebot entspricht in den Metropolen internationalem Standard und ist auch in kleineren Städten von verblüffender Vielfalt.

Die Hausformen der chinesischen Stadt werden sehr rasch verändert: Ganze Stadtviertel werden abgerissen, weil die einfachen, ebenerdigen Häuser trotz ihrer Verdichtung durch Überbauung der Höfe die Fläche nur ungenügend nutzen und zudem nicht mehr den Anforderungen entsprechen, die man an den Wohnraum stellt. Einige kleinere Gebiete wurden saniert,

Die Zentrale des Staatlichen Fernsehens CCTV befindet sich seit 2008 in diesem Gebäude. Es ist 238 m hoch, der Querriegel beginnt in 160 m Höhe. 10 000 Menschen arbeiten hier, die kühne Form wurde in Computersimulationen umfangreichen Belastungstests unterzogen. Die sichtbaren Querbänder befinden sich dort, wo der Bau den stärksten Spannungen standhalten muss. Dadurch soll die Konstruktion selbst stärkere Erdbeben unbeschadet überstehen.

die Häuser mit Wasser, Heizung, sanitären Anlagen in jeder Wohnung und einer effektiven Wärmedichtung versehen. Diese Maßnahmen sind jedoch teuer, und führen, wo sie dennoch umgesetzt werden, zu einer starken sozialen Selektion: Die ursprünglichen Bewohner können sich die größeren und besser ausgestatteten Wohnungen nicht mehr leisten. Dennoch hat der Wohnungsbau seit den 1980er-Jahren nicht nur an Quantität, sondern vor allem auch an Qualität stark zugenommen. Gleichzeitig änderte sich der Baustil: Auch reine Wohnanlagen sind heute oftmals bis zu 20 und mehr Geschosse hoch. Ein Zeichen für den zunehmenden Wohlstand sind die zahlreichen Klimaanlagen, es gibt ganze Wohnkomplexe, in denen sich alle Mieter eine angeschafft haben. Diese Anlagen verbrauchen sehr viel Energie, nicht zuletzt weil die Häuser im Allgemeinen sehr schlecht gedämmt sind. Zwar gibt es zahlreiche Verordnungen, die etwa isolierverglaste Fenster vorschreiben, aber noch immer sind die meisten Fenster in den Wohnungen so undicht, dass sie weder im Winter die Kälte noch im Sommer die Schwüle abhalten.

Man darf nicht der Letzte sein – Gespräch in einem Maklerbüro

(A = Angestellte, K = Kaufinteressent)

A: „Sie sollten rasch die Wohnung kaufen, denn noch ist sie recht preisgünstig."

K: „Der Preis ist viel zu hoch, so viel Miete kann ich gar nicht verlangen, dass sich der Kauf für mich lohnt."

A: „Aber man kauft doch die Wohnung nicht, um durch die Miete Geld zu verdienen. Sie kaufen die Wohnung, und nach drei Monaten verkaufen Sie sie mit Gewinn weiter – die Immobilienpreise explodieren doch geradezu."

K: „Aber der nächste Käufer, falls ich die Wohnung verkaufe, muss ja einen noch höheren Preis verlangen."

A: „Richtig, so werden viele reich."

K: „Aber irgendwann wir die Wohnung so teuer, dass sie niemand mehr kauft. Und mit der Miete kann er ja nicht einmal mehr den Kaufpreis hereinbekommen."

A: „Richtig. Der Letzte ist der Dumme. Der darf man halt nicht sein."

Pudong, das Shanghai östlich des Huangpu-Flusses, entstand erst nach 1990, hatte aber bereits 2009 2,7 Mio. Einwohner. Das Bild zeigt rasch errichtete Wohnanlagen, wobei die jeweils nächste Generation höher gebaut wurde (Blick vom 2008 fertiggestellten, 492 m hohen World Financial Center).

So viele Vorteile – chinesische Argumentationskette gegenüber ausländischen Vorwürfen

Der Vorwurf, die Wanderarbeiter auf dem Bau würden ausgenutzt, stimmt nicht. Die kommen doch freiwillig, weil sie auf dem Bau wesentlich mehr verdienen als bei sich auf dem Land. Also haben sie einen Vorteil davon. Der Bauunternehmer hat auch einen Vorteil, wenn er Wanderarbeiter beschäftigt, denn sein Gewinn wird höher. Dadurch kann er einen Bau billiger anbieten, damit hat auch der Bauherr einen Vorteil. Selbst wenn das Gebäude eine Zeit lang nicht vermietet werden kann und jemand Verluste erleidet: Das Gebäude steht nun einmal und wird schon noch genutzt werden von einem anderen, der von dem nun niedrigeren Preis einen Vorteil hat.

Bei so vielen Vorteilen sollte man keine Kritik üben – die kommt sowieso meist nur von Ausländern, die wenig Ahnung haben.

Der gehobene Mittelstand, die Oberschicht und viele Ausländer („Expats") wohnen in komfortablen Wohnvierteln in meist zwei- bis dreigeschossigen Häusern inmitten ausgedehnter Grünflächen. Diese Anlagen, in Zeitungsanzeigen aufwändig beworben, sind durch hohe Mauern abgegrenzt. Allerdings sind solche „gated communities" in China nicht die Ausnahme, sondern die Regel; auch in die Wohngebiete der Fabriken kommt man nur durch ein bewachtes Tor.

Noch stärker hat sich die Architektur der Bürohochhäuser und der Kaufhäuser verändert. Im Gegensatz zu den Wohnvierteln mit ihren bewusst gleichförmig erbauten Häusern, setzt man bei Geschäftsbauten auf Individualität, um sich werbend gegeneinander abzugrenzen. Das führt in englischen Übersetzungen zu Bezeichnungen wie „Tower", „Mansion" und „House". Ein gutes Beispiel für diese architektonische Vielfalt ist der Shanghaier Stadtteil Pudong am Ostufer des Huangpu-Flusses.

Die Weltoffenheit der Architektur in Städten soll sich besonders in der Hauptstadt zeigen. Deswegen hat man auch durch ausländische Architekten Gebäude errichten lassen, und zwar nicht nur beliebige Geschäfts- und Bürohäuser, sondern auch von ihrer Funktion her bedeutende Bauten: Das Nationaltheater am Changan-Boulevard im Zentrum wurde von dem französischen Architekten Paul Andreu konzipiert, die Zentrale des Staatlichen Fernsehens CCTV durch niederländisch-deutsche Architektenzusammenarbeit der Büros Rem Koolhaas und Ole Scheeren, das Olympiastadion, auch „Vogelnest" genannt, durch das Schweizer Architekturbüro Herzog & de Meuron und der Terminal 3 des Pekinger Flughafens durch den englischen

Überall in China wird gebaut. Immobilien gelten als sehr gewinnbringende Geldanlage. Seit Jahren wird ein Platzen der Immobilienblase befürchtet. Doch gebaut wird weiter.

Architekten Norman Foster. Selbst das größte Museum der Welt, das Nationalmuseum in der Mitte Pekings, dem Platz des Himmlischen Friedens, wurde von einem deutschen Architekturbüro (von Gerkan, Marg und Partner) umgestaltet. Allein diese – längst nicht vollständige – Zusammenstellung avantgardistischer Architektur, die teilweise Konstruktionen anwendet, die wenige Jahre zuvor als nicht möglich erschienen und erst nach grundlegenden Berechnungen am Computer gewagt wurden, machen einen Besuch Pekings zum Erlebnis: Die Stadt steht für das China des 21. Jahrhunderts – scheinbar jenseits aller Traditionen und doch uralte Ideen aufgreifend.

Der Grundriss hat sich in zwei Bereichen geändert: sehr stark in den Außenbereichen durch die Neubauten ganzer Stadtviertel und in den Innenstädten durch die Überbauung der großen Aufmarschplätze. Die neuen Stadtteile berücksichtigen zwar weitgehend das traditionelle Muster rechtwinklig nach Himmelsrichtungen orientierter Straßen, wandeln das Schema aber teilweise ab, indem z. B. wie in anderen Teilen der Welt Straßen diagonal geführt werden oder ein geschwungener Straßenverlauf Abwechslung bietet. In den Innenstädten wurden die großen Plätze, auf denen sich vor allem in der Kulturrevolution die „Volksmassen" zu versammeln hatten, durch Bauten verkleinert. So hat man den größten Platz der Welt, den Tiananmen-Platz, durch den Bau des Mao-Mausoleums auch optisch beträchtlich verkleinert, hinzu kommt, dass ein Teil der Bodenplatten mit Rasen überdeckt wurde. In vielen Städten hat man am Rand der geschlossenen Bebauung Ringstraßen angelegt, Stadtautobahnen, die den Verkehr aus den Innenbereichen heraushalten und einen zügigen Verkehr ermöglichen sollen. Wo die Wohn- und Gewerbeviertel sich weiter ausdehnten, wurde eine neue Ringstraße gebaut, so dass sie gleichsam als Wachstumsringe die Flächenausdehnung dokumentieren. Ein Beispiel aus Peking: Die erste Ringstraße führt um den Kaiserpalast, die zweite Ringstraße (30–40 km lang) umschließt das bis 1950 bebaute Stadtgebiet, die sechste Ringstraße ist 130 km lang und 25 km vom Stadtzentrum entfernt.

Der Aufriss chinesischer Städte hat sich seit 1980 nicht nur in den Randbezirken, sondern auch in den Zentren verändert. Dabei spiegeln die neuen Wohnviertel sowohl im Grundriss wie vor allem im Aufriss die soziale Differenzierung der Gesellschaft wider. Meist sind die Häuser am Stadtrand vielstöckig, mindestens sechs- bis zehngeschossig. Auffälliger sind die Veränderungen im Aufriss der Innenstädte. Man hat im Zuge von Sanierungsmaßnahmen ganze Viertel der alten, ebenerdigen Hofhäuser abgerissen und sie durch vielstöckige moderne Hochhäuser ersetzt, die natürlich die knappe Fläche wesentlich ökonomischer nutzen. Dabei hat man versucht, auch für die bisherigen Bewohner geeigneten Wohnraum zu finden. Doch weil der wegen der besseren Ausstattung wesentlich teurer ist, führt dies oftmals zu einer Veränderung der Sozialstruktur: Die ärmere Bevölkerung wird durch Angehörige der Mittelschicht ersetzt. Die meisten Innenstädte werden, von denkmalgeschützten historischen Zentren abgesehen, durch Hochhäuser geprägt. Sehr oft hat man aber neue Zentren außerhalb der bestehenden angelegt, in Shanghai etwa Pudong auf der Ostseite des Huangpu-Flusses. Einige Teile der Altstadt wurden in den meisten Städten sorgfältig restauriert, in Peking etwa die Liulichang-Straße mit ihren Antiquitätengeschäften.

Funktionale Strukturen. Seit 1980 sind chinesische Städte funktional noch differenzierter. Man hat dabei teilweise eine Funktionstrennung durchgeführt: Kleine Fabrikanlagen in Hinterhöfen und größere Komplexe wurden geschlossen oder in die angrenzenden ländlichen Gebiete der Stadt verlagert; in der Stadt sank so die Umweltbelastung, die Einnahmen durch die Produktion blieben der Kommune aber erhalten. In den neuen Vierteln erfolgt meist eine klare Trennung in Wohnfunktion und Gewerbefunktion. In der Innenstadt entstanden wieder Einkaufsstraßen mit einer Vielfalt unterschiedlicher Läden, Kaufhäuser bieten eine Fülle hochwertiger Waren an, vielfach auch aus dem Ausland. Gelegentlich gibt es ganze Viertel mit einem spezialisierten Angebot wie in Peking Zhongguancun, das mit seinen vielen Computer-, Software- und Informationstechnologie-Geschäften auch als „chinesisches Silicon Valley" bezeichnet wird. In der Innenstadt finden sich in vielen Straßen kleine Restaurants und Garküchen, die teilweise ihre Ware auf der Straße anbieten.

In den Metropolen finden sich sogar Künstlerviertel wie in Peking „Factory 798", eine ehemalige mit Hilfe der DDR erbaute Militäranlage oder die Moganshan Lu in Shanghai. In diesen Quartieren wird eine Kunst geboten, die sich stark an westlichen avantgardistischen Bewegungen orientiert, aber noch immer traditionell chinesische Elemente enthält.

Verkehr. Wer zu Beginn der 1980er-Jahre China besuchte, war überrascht, wie großzügig Durchgangsstraßen angelegt waren, wie man bei Ringstraßen schon durch Überführungen einen kreuzungsfreien Verkehr ermöglichte. Die wenigen Pkws (meist durch Gardinen abgedunkelte Fahrzeuge für Funktionäre) und Taxis hatten wie die ständig hupenden Lkws und notorisch überfüllten Busse freie Fahrt für ein rasches Vorankommen. Der eigentliche Verkehr spielte sich auf den Fahrradstraßen ab, die beiderseits der Durch-

Durch Chinas Metropolen ziehen sich Stadtautobahnen, oft als Ringstraßen (wie hier in Peking) hoch über der übrigen Straßenebene.

gangsstraßen angelegt waren und von schier endlosen, ruhig dahin rollenden Massen gefüllt waren. Wer heute auf innerstädtischen Durchgangsstraßen, ja selbst den Stadtautobahnen vorwärtskommen will, braucht Geduld. Pkws bilden mit Abstand den größten Anteil der Verkehrsmittel, die Radfahrstraßen wurden zu Zugangsstraßen zu den einzelnen Vierteln. Noch immer bilden Taxis einen großen Anteil an den Pkws, man kann sie an jedem Ort anhalten und muss nicht Standplätze suchen – doch zur Hauptverkehrszeit dauert es, bis man ein freies findet. Der Verkehr, besonders der Individualverkehr, hat sprunghaft zugenommen. Durch Zulassungsbeschränkungen versucht man, die Entwicklung zu steuern, allerdings ohne großen Erfolg, denn China ist im Autoabsatz global führend.

Der öffentliche Personenverkehr ist in der Regel gut ausgebaut. Zahlreiche Busse, teilweise als Oberleitungsbusse, verkehren in den Städten und sind nicht mehr so überfüllt wie früher. In mehreren Städten ist die U-Bahn das modernste Verkehrsmittel u. a. in Peking, Tianjin, Shenyang, Nanjing, Shanghai, Kanton und Shenzhen), mit ihr kann man rasch und preisgünstig die meisten Sehenswürdigkeiten und Zentren in den Innenstädten und in den Vororten erreichen.

Wirtschaft. Nach marxistischer Auffassung müssen Städte Produktionsstandorte sein, das heißt Industriestädte. Die Industrie spielt auch heute noch eine sehr große Rolle, rund zwei Drittel aller Erzeugnisse kommen aus den Städten. Man hat umweltbelastende Betriebe aus dem Stadtzentrum in die zugeordneten Kreise gelegt oder geschlossen, dafür sind in großer Zahl neue Fabriken entstanden, die mit besserer Technologie hochwertigere Waren herstellen. Besonders in den Außenbezirken wetteifern die Städte untereinander in der Ausweisung von Gewerbegebieten, in denen sich einheimische und ausländische Firmen – oft zu Vorzugsbedingungen – ansiedeln sollen. Nicht nur in den Ballungsräumen kann man beobachten, wie Reisfeld um Reisfeld aufgeschüttet wird, wie man großflächig Hallen errichtet und das Straßennetz ausbaut.

Der stärkste Wandel gegenüber früher ist das starke Anwachsen des tertiären Sektors (Handel und Dienstleistungen), der noch fast ausschließlich in den Städten angesiedelt ist. Hier sind zwei Bereiche wegen ihrer Raumwirksamkeit gut zu erkennen: Einkaufen und Essen. Besonders in den Innenstädten ist das Angebot in zahlreichen Ladenstraßen sowohl quantitativ wie qualitativ sehr gut. Während in den Wohnvierteln zahlreiche kleinere Läden den Alltagsbedarf voll abdecken, haben sich in den Großstädten Einkaufsmeilen herausgebildet, die überregional aufgesucht werden. In Peking sind das etwa die Wangfujing oder die Xidan Dajie, in Shanghai Nanjing Lu und die Huaihai Lu und in Kanton (Guangzhou) die Fußgängerzone Shang Xia Ji.

Statussymbol Auto

Ein Auto zeigt, dass die Firma, noch stärker der Privatmann, erfolgreich ist. Im hierarchischen Denken der chinesischen Gesellschaft ist es nicht gleichgültig, welchen Wagen man fährt. Das höchste Prestige haben Fahrzeuge ausländischer Hersteller (auch wenn diese in China gefertigt werden), und hier genießen besonders deutsche Marken wie Mercedes, BMW und Audi mit ihren Premiummodellen höchstes Ansehen. In China gefertigte Autos von VW sind beim Mittelstand sehr beliebt, ebenso wie japanische und französische Marken.

Mit dem Fahrzeug allein ist es allerdings nicht getan, man muss auch noch das richtige Autokennzeichen haben. Zum einen die richtigen Ziffern für die Verkehrslenkung: Um den Autoverkehr einzudämmen, haben einige Städte verfügt, dass abwechselnd an einem Tag nur die Pkw mit geraden Endziffern fahren dürfen, am nächsten Tag die mit ungeraden (was den Autoabsatz ebenfalls erhöht). Noch viel wichtiger für das Prestige sind bei den abergläubischen Chinesen die Ziffern, die Glück oder Reichtum bedeuten. So gilt es, die Ziffern 4, 7 und 10 zu meiden, denn sie bedeuten Unglück. Die beste Ziffer ist die 8, aber auch 6 und 9 sind günstig – das hängt mit der Aussprache der Zahlen zusammen, die homonym mit negativen oder positiven Begriffen ist. Wer einen Mercedes 500 mit der Nummer 8888 fährt, dürfte unbegrenzt Kredit haben, denn sein Glück ist ja klar erkennbar.

Insbesondere deutsche Automobilmarken sind in China sehr beliebt – vor allem wegen ihres hohen Prestigewerts.

Aber in jeder Stadt gibt es mehrere Einkaufsstraßen, die sich sogar oft nochmals unterscheiden, etwa im Preissegment oder in der Ausrichtung auf bestimmte Waren, in Peking etwa die Antiquitätenstraße Liulichang. Dem einheimischem wie dem ausländischen Touristen begegnet der Handel besonders an den Sehenswürdigkeiten, wo von Bildbänden über „Kunstgewerbe" und Kleidungsstücke bis zu Scherzartikeln alles angepriesen, ja oftmals aufgedrängt wird.

Da Chinesen gerne essen gehen, gibt es eine Fülle unterschiedlichster Möglichkeiten: von kleinen Garküchen am Straßenrad über ganze Straßenzüge mit Lokalen, die jeweils eigene Spezialitäten anbieten, bis hin zu mehrstöckigen Restaurants, in denen hunderte Gäste laut und fröhlich die für die chinesische Küche kennzeichnende Vielfalt der Speisen genießen.

Als ein Beispiel städtischer Dienstleistungen seien die Kliniken genannt. Seit der Wirtschaftsreform müssen sie versuchen, ihre Unkosten durch die Behandlungsgebühren zu decken. Besonders in Großstädten haben die Krankenhäuser internationalen Standard, sie bieten sowohl „westliche" wie

Einkaufsstraße mit internationalem Flair in einer chinesischen Stadt. Das Bild verdeutlicht den radikalen Wandel seit 1980: Der Kunde wird umworben, das Angebot ist umfassend.

„traditionelle chinesische" Medizin an. Für Chinesen ist diese ärztliche Versorgung sehr teuer, da eine Krankenversicherung erst in Ansätzen besteht.

Soziale Strukturen und Prozesse. In den Städten sind die sozialen Wandlungen wesentlich dynamischer und umfassender als auf dem Land. Wer dort nicht weiterkam, blieb wenigstens Bauer mit Land und Haus, dennoch wanderten viele in die Stadt ab, und das galt als Aufstieg. In der Stadt sind die Arbeiter in den Staatsbetrieben die größten Verlierer. Bis 1980 wurden sie als die fortschrittlichste soziale Gruppe, als „führende Klasse" gepriesen. Sie waren materiell sehr gut abgesichert, doch als viele Staatsbetriebe unrentabel arbeiteten oder sogar Bankrott gingen, wurden viele Arbeiter „freigestellt". Der soziale Status der Arbeiter hat sich verschlechtert.

Die unterste soziale Gruppe in der Stadt sind die Wanderarbeiter. Sie sind Fremde, leicht am Dialekt erkennbar. Vielfach werden sie ausgebeutet, werden um ihren Lohn betrogen, müssen für die Unterkunft zu viel bezahlen. Allerdings haben sie in den letzten Jahren ihre Position verbessert.

Zur unteren Mittelschicht zählen Arbeiter und Angestellte. Sie erwerben im Beruf Qualifikationen, die sie zum Vorwärtskommen nutzen. Denn es ist möglich, durch Leistung materiell und damit gesellschaftlich aufzusteigen.

In der oberen Mittelschicht herrscht die gleiche materielle Orientierung, doch ist man anspruchsvoller: Eine größere Wohnung, Statussymbole wie Auto und Ferienreise sind gefragt. Die Wohnung wird heute nur noch in seltenen Fällen vom Betrieb günstig zur Verfügung gestellt, man muss sie mieten, wenn möglich kaufen; dadurch entsteht eine Schicht von Besitzbürgern.

Neue soziale Gruppen kommen hinzu. Die größte ist die der kaufmännischen Angestellten und der Unternehmer oft kleiner Geschäfte. Aber auch Berufe wie der des Rechtsanwalts bilden sich vermehrt heraus, denn China hat zwar teilweise sehr gute Gesetze, doch ist es noch schwierig, im Alltag sein Recht zu bekommen.

Eine kleine Zahl dieser Rechtsanwälte, ebenso Schriftsteller und andere Kulturschaffende, verändern durch ihre beharrliche Kritik an Ungerechtigkeiten, Korruption und Machtmissbrauch die Gesellschaft. Unzufrieden sind auch viele der älteren Generation, die in der Kulturrevolution für eine neue Gesellschaft jenseits des Materialismus kämpften und sich heute an den Rand gedrängt sehen. Sie sind es auch, die in Mao Zedong nach wie vor einen großen Führer sehen.

Verbittert sind manche Intellektuelle: Zwar gibt es heute außerhalb der Politik einen sehr großen Freiraum – so werden etwa atonale Musik oder abstrakte Kunst nicht mehr als „volksfeindlich" verfolgt; auch ist Kritik an den bestehenden Verhältnissen durchaus möglich, doch ist man immer wieder Eingriffen der Parteifunktionäre oder der Sicherheitspolizei ausgesetzt.

Die Oberschicht ist zweigeteilt. Da sind zum einen die erfolgreichen Geschäftsleute, zum anderen die Parteikader, die ihre Macht auch zum eigenen finanziellen Vorteil nutzen.

Insgesamt hat sich die materielle Situation der Stadtbewohner seit der Wirtschaftsreform wesentlich verbessert, nach früheren Maßstäben sind sehr viele Städter wohlhabend geworden (vgl. Tabelle Seite 135).

Bis weit in die 2000er-Jahre herrschte ein materieller Nachholbedarf. Immer stärker entwickelt sich eine auch gesellschaftlich interessiere Jugend, die über das Internet miteinander kommuniziert. Wie weit diese unorganisierte Menge die Gesellschaft verändert, ist gegenwärtig offen.

Das Fernsehen und die zahlreichen anderen Möglichkeiten der Unterhaltung und Informationsvermittlung haben einen sehr großen, meist nicht beachteten Einfluss auf die Sicht der Welt. Auch chinesische Jugendliche kommunizieren im Netz und stellen untereinander Kontakte her. Die reale Erziehung ist widersprüchlich: Offiziell sollen sie „die Erbauer des Sozialismus" sein, in der Realität prägen Leistungsdruck und materielle Erwartungen den Alltag. Diese Kinder werden China weiterentwickeln, wenn sie einmal erwachsen sind. Wir wünschen: zum Guten.

Literatur

Gedruckte Literatur

Adams, Patricia (2011): Nationalizing China – Financial Post 24.06.2011

Blume, Georg (2011): Asiens Schlacht ums Atom – DIE ZEIT, 28, 7.7.2011, S. 26–27

Böhn, Dieter (2011): China – In: Latz, Wolfgang (Hrsg.): Diercke Geographie. Brauschweig: Westermann, S. 486–497

Böhn, Dieter & Müller, Johannes (2009): Die Volksrepublik China. Stuttgart/Gotha: Klett

Böhn, Dieter (2008): Der Süd-Nord-Wassertransfer in China. Sichten auf das größte Umleitungsprojekt der Welt – In: Praxis Geographie, Jg. 38, Heft 11, S. 20–25

Böhn, Dieter (2006): Die Große Grüne Mauer – In: Geographie heute, Heft 237, S. 24–30

Böhn, Dieter (2006): Bodenschätze – In: B. Staiger, S. Friedrich, H.-W. Schütte (Hrsg.): China. Lexikon zu Geographie und Wirtschaft. Darmstadt: Wissenschaftliche Buchgemeinschaft, S. 11–13

Böhn, Dieter (2006): Natürliche Ressourcen – In: B. Staiger, S. Friedrich, H.-W. Schütte (Hrsg.): China. Lexikon zu Geographie und Wirtschaft. Darmstadt: Wissenschaftliche Buchgemeinschaft, S. 13–15

Böhn, Dieter & Reichenbach, Thomas (2003): Der geeignete Kooperationspartner: Auswahlkriterien und kulturelles Bargaining – In: D. Böhn, A. Bosch, H.-D. Haas, T. Kühlmann, G. Schmidt (Hrsg.): Deutsche Unternehmen in China. Märkte, Partner, Strategien. Wiesbaden: Deutscher Universitätsverlag, S. 144–165

Böhn, Dieter (2004): China, die kommende Weltmacht. – Geographie heute, Heft 223, S. 35–39

Böhn, Dieter (1987): China (= Klett/Länderprofile). Stuttgart: Klett

Chen, Guidi & Wu Chuntao (2006): Zur Lage der chinesischen Bauern. Frankfurt: Zweitausendeins

China Statistical Yearbook (verschiedene Jahrgänge)

Der Fischer Weltalmanach (verschiedene Jahrgänge)

Diercke Weltatlas (Ausgabe 2010). Braunschweig: Westermann

Dippner, Anett (2010): Von der Wiederentdeckung des Weiblichen – In: das neue China, 37. Jg., Heft 2/2010; S. 25–30

Döring Ole (2005): Bildung und Forschung – In: Volksrepublik China (= Informationen zur politischen Bildung, Nr. 289), S. 53–57

Englert, Siegried P. & Grill, Gert F. (1980): 100 x China. Mannheim: Bibliographisches Institut

Eggebrecht, Arne (Hrsg.) (1994): China, eine Wiege der Weltkultur – 5000 Jahre Erfindungen und Entdeckungen. Mainz

Erling, Johnny (2002): China – Der große Sprung ins Ungewisse. Freiburg: Herder

Fischer, Doris & Lackner, Michael (Hrsg.) (2007): Länderbericht China (= Schriftenreihe der Bundeszentrale für politische Bildung, Band 631). Bonn

Fischer, Doris & Schüller, Margot (2007): Wandel und ordnungspolitische Konzeptionen seit 1949. In: D. Fischer & M. Lackner (Hrsg.): Länderbericht China (= Bundeszentrale für politische Bildung, Schriftenreihe Band 631), S. 227–246

Franke, Wolfgang & Staiger, Brunhild (Hrsg.) (1973): China (Taschenbuchausgabe des China-Handbuchs), Düsseldorf

Gernet, Jacques (1979): Die chinesische Welt. Frankfurt: Suhrkamp

He Qinglian (2006): China in der Modernisierungsfalle (= Bundeszentrale für politische Bildung, Schriftenreihe Band 576). Bonn

Heilmann, Sebastian (2007): Die Position der Kommunistischen Partei im politischen System – D. Fischer & M. Lackner (Hrsg.) (2007): Länderbericht China (= Schriftenreihe der Bundeszentrale für politische Bildung, Band 631), S. 189–194 (Teil des Beitrags „Das politische System der VR China: Modernisierung ohne Demokratie?, S. 181–197)

Heilmann, Sebastian (2005): Charakteristika des politischen Systems – In: Volksrepublik China (= Informationen zur politischen Bildung, Heft 289), S. 22–32

Köckritz, Angela (2011): Shanghai Bling-Bling – DIE ZEIT, Nr. 21, 19.05.2011, S. 23–24

Köckritz, Angela (2011): Was, wenn die China-Blase platzt? – DIE ZEIT Nr. 26, 22.06.2011, S. 35

Krieg, Renate u. a. (1998): Provinzporträts der VR China (= Mitteilungen des Instituts für Asienkunde Hamburg, Band 289)

Leeming, Frank (1993): The Changing Geography of China. Oxford: Blackwell

Li, Jinlong (2009): Das große Drei-Schluchten-Projekt

Li, Jijun Li, Xie, Shiyou, Kuang, Mingsheng (2001): Geomorphic evolution of the Yangtze Gorges and the time of their formation – In: Geomorphology, Volume 41, Issues 2–3, 15 November 2001, S. 125–135

Marton, Andrew M. (2000): China's Spatial Economic Development. London: Routledge

Müller, Johannes (1997): Kulturlandschaft China: Anthropogene Gestaltung der Landschaft durch Landnutzung und Siedlung. Gotha: Klett/Perthes

Müller, Johannes (1999): Die Arbeitsintensität in der Landnutzung Chinas und ihre agrarökologischen Ursachen – Petermanns Geographische Mitteilungen, Jg. 143, H. 3/1999, S. 163–187

Nass, Matthias (2011): Geldmacht China – DIE ZEIT , 27, 30.6.2011, S. 1

National Geographic (2008): Atlas of China. Washington D.C.

Naughton, Barry (2007): The Chinese Economy. Transitions and Growth. Cambridge: University Press

Park, Albert & Shen, Minggao. (2003). Joint Liability Lending and the Rise and fall of China's Township and Village Enterprises. Journal of Development Economics 71(2)

Powell, Bill (2011): The End of Cheap Labor in China – TIME June 27, 2011, S. 43–45

Ren, Shuyin (2001): Landeskunde China. Peking

Scharping, Thomas (2006): Bevölkerungspolitik – B. Staiger, S. Friedrich, H.-W. Schütte (Hrsg.): China. Lexikon zu Geographie und Wirtschaft. Darmstadt: Wissenschaftliche Buchgemeinschaft, S. 30–33

Scharping, Thomas (2006): Wanderungen – B. Staiger, S. Friedrich, H.-W. Schütte (Hrsg.): China. Lexikon zu Geographie und Wirtschaft. Darmstadt: Wissenschaftliche Buchgemeinschaft, S. 43–45

Schinz, Alfred (1989): Cities in China. Berlin, Stuttgart: Bornträger

Schmidt-Glintzer, Helwig (2007): Wachstum und Zerfall des kaiserlichen China – In: Fischer, D. & Lackner, M. (Hrsg.): Länderbericht China. (= Bundeszentrale für politische Bildung, Schriftenreihe, Band 631) Bonn, S. 101–128

Schulz, Sandra (2011): Eine Klasse für sich – SPIEGEL 9/2011, S. 96–99

Seydlitz Atlas (Ausgabe 2010)

Shaughnessy, Edward L. (Hrsg.) (2007): China (Reihe Weltgeschichte). Köln: Taschen

Shen Yuan, Guo Yuhua, Jing Jun & Sun Liping (2011): Für ein neues China – In: Le Monde diplomatique, 8.7.2011

Sieren, Frank (2006): Der China Code. Wie das boomende Reich der Mitte Deutschland verändert. Berlin: Ullstein

Spence, Jonathan (1995): Chinas Weg in die Moderne. München

Staiger, Brunhild (Hrsg.) (2000): Länderbericht China. Darmstadt

Staiger, Brundhild & Friedrich, Stefan & Schütte, Hans-Wilm (Hrsg.) (2006): China. Lexikon zu Geographie und Wirtschaft. Darmstadt

Staiger, Brundhild & Friedrich, Stefan & Schütte, Hans-Wilm (Hrsg.) (2003): Das große China-Lexikon. Darmstadt

Strittmatter, Kai (2008): Gebrauchsanweisung für China. München/Zürich: Piper

Taube, Markus (2007): Wirtschaftliche Entwicklung und struktureller Wandel – In: Fischer, D. & Lackner, M. (Hrsg.): Länderbericht China (= Bundeszentrale für politische Bildung, Schriftenreihe Band 631), S. 248–264

Taubmann, Wolfgang (2007): Naturräumliche und wirtschaftsgeographische Grundlagen – Fischer, D. & Lackner, M. (Hrsg.): Länderbericht China (= Bundeszentrale für politische Bildung, Schriftenreihe, Band 631). Bonn, S. 15–49

Volksrepublik China (2005) (= Informationen zur politischen Bildung, Nr. 289)

Wang, Mengkui (2005): Die Wirtschaft Chinas. (Serie: Abriss Chinas) Peking

Wang, Min (1997): China – das Reich der Mitte – In: Böhn, Dieter & Wang, Min (Hrsg.): Die Volksrepublik China und die Bundesrepublik Deutschland (= Studien zur internationalen Schulbuchforschung. Band 90), S. 21–134

Weggel, Oskar (2002): China. München

Weigelin-Schwiedrzik, Susanne & Hauff, Dagmar (Hrsg.) (1999): Ländliche Unternehmen in der Volksrepublik China (= Schriften zu Regional und Verkehrsproblemen in Industrie- und Entwicklungsländern Bd. 64). Berlin: Duncker & Humblot

Weltmacht China (2005) DIE ZEIT / Der Fischer Weltalmanach

Wirtschaftsmacht China (2008) (= Geographische Rundschau, Heft 5/2008)

Wu, Yipin (Hrsg.) (1991): Life Styles of China's Minorities. Hongkong: Peace Book

Zhao Songqiao (1994): Geography of China. New York: Wilsey

Zheng, Ping (2006): China's Geography (China Basic Series). Peking

Internetquellen

Alternative Energien: Murphy, Martin & Weishaupt, Georg (2010): China treibt Wachstum der Windkraft voran – Handelsblatt online 04.02.2010 http://www.handelsblatt.com/unternehmen/industrie/china-treibt-wachstum-der-windkraft-voran/3362162.html (Zugriff 5.4.2011)

http://wirtschaft.t-online.de/windkraft-china-stuermt-an-die-weltspitze/id_19702138/index (17.08.2009) (Zugriff 5.4.2011)

Martin, Kevin (2009): Solarenergie in China. Entwicklungsstand, staatliche Förderung, wirtschaftliches Potential (= China Analysis 72. Hrsg.: Heilmann, Sebastian, Professor of Government/Political Economy of China, Universität Trier) http://www.chinapolitik.de/studien/china_analysis/abstracts/no_72_kurz.pdf (Zugriff 5.4.2011)

Lorenz, Andreas (2009): Solarenergie in China. Spiegel-online 12.12.2009 http://www.spiegel.de/wirtschaft/unternehmen/0,1518,665592,00.html

Nusca, Andrew (2010): China's Solar Valley: biggest solar energy production base in world – smart planet, 21.05.2010 http://www.smartplanet.com/business/blog/smart-takes/chinas-solar-valley-biggest-solar-energy-production-base-in-world/7326/ (Zugriff 5.4.2011)

Altersstruktur der Bevölkerung: Sendker, Jan-Philipp (2008): Gigant China: Alt und arm statt jung und reich – Stern 23.07.2008 http://www.stern.de/politik/ausland/gigant-china-alt-und-arm-statt-jung-und-reich-632044.html

Bevölkerungspyramide 2010: http://www.china-observer.de/?x=entry:entry080 116-070654

Bevölkerungsverluste während des „Großen Sprungs nach vorn". Dikötter ## http://infokrieg.tv/wordpress/2010/09/20/chinesische-archive-durch-forstet-45-millionen-tote-unter-mao/

Drei-Schluchten-Damm: http://www.gzn.uni-erlangen.de/angewandte-geowissenschaften/angewandte-geologie/ingenieurgeologie/landslides-and-the-three-gorges-dam/

Overhoff, Gregor (2001): 3-Schluchten-Projekt am Yangtze/China http://talsperrenkomitee.de/das_three_gorges_project_am_yangtze/bericht_einer_exkursion_aus_dem_jahr_2001.htm (Zugriff 11.04.2011)

Größter Staudamm der Welt übersteht Megaflut - stern.de 20.07.2010 http://www.stern.de/panorama/hochwasser-auf-dem-jangtse-groesster-staudamm-der-welt-uebersteht-megaflut-1585210.html (Zugriff 11.04.2011

Zhou Xiaoqian, Huo Jilan, Sun Jiajun, Tao Yu, Liu Zehong (2000): Design Features of the Three Gorges – Changzhou ±500 KV HVDC Project – Presented at Cigré 2000 Conference, Paris, France

Aug/Sept 2000 http://library.abb.com/GLOBAL/SCOT/scot221.nsf/VerityD isplay/1B53F2ADBE26097BC1256FDA004AEAC5/$File/cigre20003g.pdf (Zugriff 11.4.2011)

Erdbeben in Sichuan: Bundesanstalt für Geowissenschaften und Rohstoffe http://www.bgr.bund.de/cln_092/nn_1522586/DE/Themen/Seismologie/ Seismologie/Erdbebenauswertung/Besondere__Erdbeben/Ausgewaehlte__ Erdbeben/sichuan.html

Landbesitz der Frau: Presseamt des Staatsrates der VR China (2005): Die Gleich-berechtigung der Geschlechter und die Entwicklung der Frauen in China http://german.china.org.cn/german/193574.htm

Rechtslage: http://www.stimmen-aus-china.de/2010/10/25/china-diskutiert-seine-zukunft-neuorientierung-im-12-fuenfjahresplan) (25.10.2010)

Neue Patente – Wird China zum Land der Tüftler – DIE ZEIT http://www.zeit.de/ wirtschaft/2010-12/china-patente

Bildnachweis

Index